企業經營與
ERP沙盤
模擬實訓教程

主 編 任志霞　　副主編 楊亞西、羅瓊

崧燁文化

前 言

　　本書的編寫是促進創新人才成長,提高人才培養質量」的目標為核心，充分融入高等院校經濟管理類專業的人才培養目標,旨在培養學生良好的邏輯思維能力、問題解決能力以及勇於創新的精神,全面提高學生的綜合素質。長期以來，許多高校都將培養學生的綜合素質與能力擺在重要位置,注重對學生進行技術能力、創新意識、人文素養、經濟思維等方面的教育與引導。

的課程，並編寫出能夠適應這種特殊要求的教材。《企業經營與ERP沙盤模擬實訓教程》通過體驗式的教學模式，可以有效地培養學生的綜合能力，幫助學生實現從理論到實踐再到理論的上升，將自己親身經歷的寶貴實踐經驗轉化為全面的理論模型，從而改變過去對經濟管理類專業「空而虛」的印象。

　　本書內容共包括四個模塊。一是導入篇，以ERP沙盤模擬簡介為起點，對沙盤模擬課程與教學組織狀況進行說明，並指出ERP經營理念在企業經營中的應用，讓學生對課程形成初步的認知；二是基礎篇，分別從戰略、生產、營銷、財務及人力資源管理五個方面，對模擬企業營運決策中可能使用的各種管理方法與工具進行介紹，幫助學生加強經營決策制定環節的訓練；三是實戰篇，結合模擬企業概況、營運規則及經營流程三個方面進行詳細介紹，並針對學生比較容易犯錯和模糊的環節進行重點闡述；四是總結篇，對模擬企業經營成果進行生產、營銷、成本及財務分析，並對經營過程和報表編制中的常見問題進行解析。與國內相同類型的教材相比，本教材具有以下特點：其一，突破專業壁壘，拓寬學生的知識體系；其二，強化經營分析，激發學生的學習熱情；其三，提供問題解析，提高學生的自學能力。

在寫作過程中，本書吸收和借鑑了國內外相關教材、專著、案例和文獻資料，在此謹向各位作者深表謝意。

由於時間倉促和編者水平所限，書中錯謬之處難免，敬請廣大讀者批評指正，提出寶貴意見和建議，以便再版時得以更正完善。

編　者

目 錄

第一篇　導入篇

1　ERP 沙盤模擬簡介　/ 003
1.1　沙盤與 ERP 概述　/ 003
　　1.1.1　沙盤的由來與發展　/ 003
　　1.1.2　ERP 的含義　/ 005
　　1.1.3　ERP 沙盤　/ 006
1.2　ERP 沙盤模擬課程簡介　/ 008
　　1.2.1　課程描述　/ 008
　　1.2.2　課程內容　/ 009
　　1.2.3　課程特色　/ 009
　　1.2.4　課程局限性　/ 011
1.3　ERP 沙盤模擬的教學組織　/ 011
　　1.3.1　教學過程　/ 011
　　1.3.2　教學工具　/ 013

2　ERP 與企業經營管理　/ 015
2.1　ERP 的工作流程與功能模塊　/ 015
　　2.1.1　ERP 的發展歷程　/ 015
　　2.1.2　ERP 的工作流程　/ 015
　　2.1.3　ERP 系統的功能模塊　/ 022
2.2　ERP 對企業經營管理的影響　/ 024

第二篇　基礎篇

3　企業戰略管理方法　/ 028
3.1　PEST 宏觀環境分析方法　/ 028
　　3.1.1　政治–法律影響因素　/ 028

3.1.2　經濟影響因素　　／028
　　　3.1.3　社會文化影響因素　　／029
　　　3.1.4　技術影響因素　　／030
　3.2　SWOT 分析法　　／030
　　　3.2.1　SWOT 內容　　／030
　　　3.2.2　SWOT 分析的基本思路　　／031
　3.3　五力模型分析方法　　／032
　　　3.3.1　供應商的討價還價能力　　／033
　　　3.3.2　購買者的討價還價能力　　／033
　　　3.3.3　潛在競爭者的進入能力　　／034
　　　3.3.4　替代品的替代能力　　／035
　　　3.3.5　行業內競爭者的現有競爭能力　　／035
　3.4　波士頓矩陣　　／036
　　　3.4.1　波士頓矩陣的基本參數　　／036
　　　3.4.2　波士頓矩陣各象限內容及戰略選擇　　／037

4　企業生產管理方法　　／039
　4.1　生產與生產計劃管理　　／039
　　　4.1.1　生產管理理論　　／039
　　　4.1.2　生產計劃　　／040
　　　4.1.3　生產能力　　／041
　4.2　MRP 物料需求計劃方法　　／042
　　　4.2.1　MRP 基本原理　　／042
　　　4.2.2　MRP 主要輸入信息　　／043
　　　4.2.3　MRP 的處理過程　　／046
　　　4.2.4　MRP 的發展　　／047
　4.3　庫存與採購管理　　／049
　　　4.3.1　庫存管理　　／049
　　　4.3.2　採購管理　　／051

5　企業營銷管理方法　/ 052

5.1　市場機會分析　/ 052
　　5.1.1　發現和評價市場機會　/ 052
　　5.1.2　市場需求預測　/ 053
5.2　目標市場決策　/ 055
　　5.2.1　市場細分　/ 055
　　5.2.2　目標市場選擇　/ 056
　　5.2.3　市場定位　/ 057
5.3　營銷組合　/ 057
　　5.3.1　產品策略　/ 057
　　5.3.2　價格策略　/ 059
　　5.3.3　促銷策略　/ 059
　　5.3.4　渠道策略　/ 060

6　企業財務管理方法　/ 061

6.1　現金預算管理　/ 061
　　6.1.1　現金預算的概念　/ 061
　　6.1.2　現金預算的作用　/ 061
　　6.1.3　現金預算的編制方法　/ 062
6.2　籌資管理　/ 062
　　6.2.1　比較資本成本　/ 063
　　6.2.2　考慮財務槓桿　/ 064
6.3　資本投資管理　/ 066
　　6.3.1　廠房的投資決策　/ 066
　　6.3.2　生產線的投資決策　/ 066
　　6.3.3　無形資產投資決策　/ 068
6.4　財務分析　/ 068
　　6.4.1　財務分析的概念和作用　/ 068

6.4.2　單項財務能力分析　　/ 069
　　　6.4.3　杜邦分析法　　/ 072

7　企業人力資源管理方法　　/ 076
　7.1　團隊建設與管理方法　　/ 076
　　　7.1.1　團隊的組建　　/ 076
　　　7.1.2　團隊管理方法　　/ 078
　7.2　團隊有效溝通的方法　　/ 079
　　　7.2.1　團隊溝通的重要性　　/ 079
　　　7.2.2　團隊溝通的有效方法　　/ 080
　7.3　人力資源衝突的類型與處理方法　　/ 081
　　　7.3.1　人力資源衝突的類型　　/ 081
　　　7.3.2　人力資源衝突的處理方法　　/ 082

第三篇　實戰篇

8　模擬企業概況　　/ 088
　8.1　模擬企業簡介　　/ 088
　　　8.1.1　模擬企業經營概況　　/ 088
　　　8.1.2　模擬企業經營環境　　/ 088
　　　8.1.3　模擬企業財務狀況　　/ 091
　8.2　經營團隊組建　　/ 092
　　　8.2.1　組建高效的團隊　　/ 092
　　　8.2.2　職能定位　　/ 093
　　　8.2.3　公司成立及CEO就職演講　　/ 095
　8.3　初始狀態設置　　/ 095
　　　8.3.1　模擬企業初始盤面設置　　/ 096
　　　8.3.2　模擬企業財務狀況設置　　/ 099

9　模擬企業營運規則　／101
9.1　市場規則　／101
　　9.1.1　市場准入與 ISO 認證規則　／101
　　9.1.2　廣告投放與訂單選取規則　／102
9.2　生產規則　／105
　　9.2.1　生產線規則　／105
　　9.2.2　廠房規則　／107
　　9.2.3　產品研發規則　／108
　　9.2.4　原料採購規則　／108
　　9.2.5　產品構成規則　／108
9.3　融資規則　／109
　　9.3.1　貸款規則　／109
　　9.3.2　應收帳款貼現規則　／110
　　9.3.3　庫存或廠房出售規則　／110
9.4　破產規則　／111

10　模擬企業營運實踐　／112
10.1　模擬企業年初經營　／112
　　10.1.1　新年度規劃會議　／112
　　10.1.2　參加訂貨會、支付廣告費、登記銷售訂單　／115
　　10.1.3　制訂新年度計劃　／116
　　10.1.4　支付應付稅　／120
10.2　模擬企業日常營運　／121
　　10.2.1　季初盤點　／122
　　10.2.2　更新短期貸款/還本付息/申請短期貸款(高利貸)　／122
　　10.2.3　更新應付款/歸還應付款　／123
　　10.2.4　原材料入庫/更新原料訂單　／123
　　10.2.5　下原料訂單　／124
　　10.2.6　更新生產/完工入庫　／124

10.2.7 投資新生產線/變賣生產線/生產線轉產　／124
10.2.8 向其他企業購買原材料/出售原材料　／126
10.2.9 開始下一批生產　／126
10.2.10 更新應收款/應收款收現　／127
10.2.11 出售廠房　／127
10.2.12 向其他企業購買成品/出售成品　／128
10.2.13 按訂單交貨　／129
10.2.14 產品研發投資　／129
10.2.15 支付行政管理費　／130
10.2.16 其他現金收支情況登記　／130
10.2.17 季末盤點　／130
10.3 沙盤企業年末工作　／130
10.3.1 支付利息/更新長期貸款/申請長期貸款　／131
10.3.2 支付設備維護費　／131
10.3.3 支付租金/購買廠房　／131
10.3.4 計提折舊　／132
10.3.5 新市場開拓/ISO資格認證投資　／132
10.3.6 編制報表　／133
10.3.7 結帳　／137
10.3.8 反思與總結　／137

第四篇　總結篇

11 模擬企業經營成果分析　／140

11.1 生產能力分析　／140
11.1.1 生產線投資分析　／140
11.1.2 廠房投資分析　／141
11.1.3 無形資產投資分析　／142
11.2 營銷能力分析　／143

11.2.1　市場佔有率分析　　/ 143
　　　11.2.2　廣告投入產出比分析　　/ 144
　11.3　成本費用分析　　/ 145
　　　11.3.1　經常性費用比例分析　　/ 145
　　　11.3.2　全成本比例分析　　/ 148
　　　11.3.3　成本變化構成分析　　/ 150
　11.4　財務分析　　/ 151
　　　11.4.1　單項財務能力分析　　/ 151
　　　11.4.2　杜邦分析　　/ 152

12　沙盤模擬實驗常見問題解析　　/ 157
　12.1　經營過程的常見問題解析　　/ 157
　　　12.1.1　市場預測　　/ 157
　　　12.1.2　廣告投放　　/ 157
　　　12.1.3　訂單選擇　　/ 158
　　　12.1.4　市場地位的確立　　/ 158
　　　12.1.5　原材料採購　　/ 158
　　　12.1.6　生產線投資　　/ 159
　　　12.1.7　市場開發和產品研發　　/ 159
　　　12.1.8　營運表記錄　　/ 159
　　　12.1.9　違約問題及其處理　　/ 159
　　　12.1.10　組間交易　　/ 159
　12.2　報表編制的常見問題解析　　/ 160
　　　12.2.1　產品訂單登記表　　/ 160
　　　12.2.2　綜合管理費用表　　/ 160
　　　12.2.3　利潤表　　/ 160
　　　12.2.4　資產負債表　　/ 160

參考文獻　　/ 162

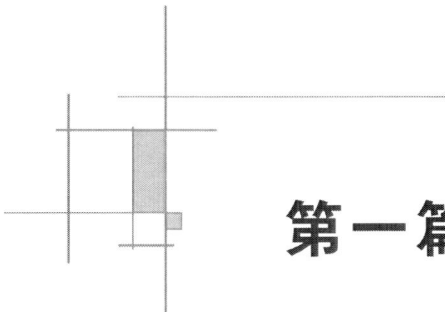

第一篇 導入篇

1 ERP 沙盤模擬簡介

1.1 沙盤與 ERP 概述

1.1.1 沙盤的由來與發展

所謂「沙盤」，是指在木盤裡用沙土做成的地形模型。在軍事題材的電影、電視作品中，我們常常看到指揮員們站在一個地形模型前研究作戰方案。這種根據地形圖、航空像片或實地地形，按一定的比例關係，用泥沙、兵棋和其他材料堆制的模型就是沙盤。沙盤具有立體感強、形象直觀、製作簡便、經濟實用等特點。沿古至今，沙盤的發展歷經了以下三個階段：

第一階段：應用於軍事。

沙盤最早源於軍事用途，是古代統治者的將帥指揮作戰的用具，供研究地形、敵情、作戰方案、組織協調動作和實施訓練時使用。

沙盤在中國的運用歷史悠久。在《史記‧秦始皇本紀》中有這樣一段記載：「以水銀為百川江河大海，機相灌輸，上具天文，下具地理。」據說，秦國在部署滅六國時，秦始皇親自堆制沙盤來研究各國的地理形勢，在李斯的輔佐下，派大將王翦帶兵作戰，最終實現一統天下的鴻鵠大志。後來，秦始皇在修建陵墓時，在自己的陵墓中堆塑了一個大型的地形模型。模型中不僅砌有高山、丘陵、城池等，而且還用水銀模擬江河、大海，用機械裝置使水銀流動循環。可以說，這是最早的沙盤雛形，至今已有 2,200 多年歷史。另據《後漢書‧馬援列傳》記載，公元 32 年，漢光武帝徵討隴西的隗囂，召名將馬援商討進軍戰略。馬援對隴西一帶的地理情況非常熟悉，就用米堆成一個與實地地形相似的模型，從戰術上做了詳盡的分析。光武帝劉秀看後，高興地說：「虜在吾目中矣！」（敵人盡在我的眼中了！）

沙盤在國外最早出現於 1811 年，當時，普魯士國王腓特烈‧威廉三世的文職軍事顧問馮‧萊斯維茨，用膠泥製作了一個精巧的戰場模型，用顏色把道路、河流、村莊和樹林表示出來，用小瓷塊代表軍隊和武器，陳列在波茨坦皇宮裡，用來進行軍事遊戲。後來，萊斯維茨的兒子利用沙盤、地圖表示地形地貌，用各種標誌表示軍隊和武器的配置情況，按照實戰方式進行策略謀劃。這種「戰爭博弈」就是現代沙盤作業的雛形。

19世紀末和20世紀初，沙盤主要用於軍事訓練，在軍事上取得了極大的成功。戰爭沙盤模擬推演通過紅、藍兩軍在戰場上的對抗與較量，使得作戰指揮員不需要親臨現場就能清晰地總攬全局，發現雙方戰略戰術上存在的問題，從而運籌帷幄，做出最優的決策。由於沙盤節省了實戰演習的巨大經費開支，不受士兵演習時間與空間的限制，因而在世界各國重大戰爭戰役中得到普遍運用。

第二階段：應用於教學。

1978年，瑞典皇家工學院的科拉斯·梅蘭（Klas Mellan）開發了沙盤模擬訓練課程，它模擬企業的整體運作，包括戰略規劃、資金籌集、市場開拓、產品研發、生產組織、物資採購、設備投資及改造、財務核算及管理等，其特點是採用體驗式培訓方式，遵循「體驗—分享—提升—應用」的過程，以達到學習的目的。最初該課程主要是從非財務人員的財務管理角度來設計的，之後被不斷改進與完善，針對企業首席行政執行官（CEO）、首席財務執行官（CFO）等職位的沙盤演練課程被相繼開發出來。這種課程最初是一種計算機輔助教學方式，許多知名跨國企業如國際商用機器公司（IBM）、摩托羅拉公司（Motorola）等紛紛採用這種新穎的培訓方式。每次培訓分為兩個部分：培訓前期，由兩位專家講授理論，涉及企業管理的主要內容，如戰略管理、市場營銷、財務管理、信息管理、人力資源管理等；培訓後期，則把學院分成若干組，利用計算機進行企業競爭模擬。這種方式直觀形象、生動有趣，引起了學院的極大興趣，也使得該課程迅速風靡全球。目前「沙盤演練」的課程被世界500強的企業作為中高層管理者的必上培訓課程之一，也被歐美的商學院作為EMBA的培訓課程。

20世紀90年代，沙盤模擬類培訓課程被引入中國，率先在企業的中高層管理者培訓中使用並快速發展。其中，最典型的便是以原汁原味的課程為特色的深圳的競越公司、以拓展互動為特色的北京的人眾人公司，這些公司使原本成熟的課程體系進一步融入了中國企業的經營特色，更貼近企業的實際。沙盤模擬教學模式較早被北京大學、清華大學、中國人民大學、浙江大學等多所高等院校納入MBA、EMBA及中高層管理者在職培訓的教學之中，深受學員喜愛。1996年，國際企業管理挑戰賽（GMC）在中國賽區的比賽吸引了96個隊伍的參加，包含了大多數提供MBA學位教育的國內著名的管理學院。比賽從美國、加拿大、德國、日本等國家引進了一些模擬軟件。然而，英文界面的企業競爭模擬軟件在中國應用有很大的局限性。1995年，北京大學開始研發中文界面的企業競爭模擬軟件。後來幾經改進，該模擬軟件在2003年全國MBA培養院校企業競爭模擬比賽中使用。但是計算機模擬仍有其局限性，如模擬空洞、過於抽象、互動性不強等。2005年，用友公司院校事業部借鑑國外沙盤培訓課程開發了「用友ERP沙盤」。最初該產品僅用於向企業客戶介紹ERP原理和ERP軟件應用的必要性。後來，用友公司院校事業部發現該產品可以成為中國本科和高職院校的實訓課程。現在，許多本科和高職院校的經濟管理類專業都不同程度地引入了沙盤課程，教學反應和教學效果良好。

第三階段：應用於廣泛領域。

今天，沙盤的使用不再僅限於軍事和教學，在社會經濟生活的各個領域也得

以廣泛推廣和應用，尤其是城市規劃、房地產開發、旅遊景區設計等領域，通過沙盤模型的立體感官和直觀形象充分展示其特點。而隨著現代信息技術的發展，出現了能夠實時動態反應客觀對象情況的電子沙盤，促使沙盤向自動化、多樣化的方向發展。

電子沙盤，也稱數字沙盤，是集遙感、動態投影、3D動畫、地理信息系統、虛擬現實等技術於一體的高端展覽展示設備。電子沙盤解決了傳統實體沙盤表現能力差的問題，可以採用3D動畫模擬出真實的地形地貌、建築、道路、自然環境等，可採用程序實現地形動態分析、漫遊、標註等交互功能，克服了實體沙盤佔地面積大、攜帶不方便、表現內容單調且難以更新等缺點。因此，電子沙盤被越來越廣泛地應用於房地產、工程施工、水利電力、航空、企業展館、城市規劃、軍事等行業。

電子沙盤一般包括三種類型：

第一，觸摸式電子沙盤。觸摸式實景電子沙盤系統以傳統沙盤為基礎，為其增加紅外感應設備、計算機、音響設備、顯示設備（可選）。觀眾可以用手指或棍子指點沙盤上的各個位置，紅外感應設備可以立刻將被點擊位置的坐標信息傳送至計算機，計算機會將該位置的介紹性內容以聲音、視頻的方式進行播放，為觀眾提供詳細的點對點的說明介紹。

第二，三維仿真電子沙盤。三維虛擬仿真是一種基於可計算信息的沉浸式交互環境，具體地說，就是採用以計算機技術為核心的現代高科技手段生成逼真的視、聽一體化的特定範圍的虛擬環境，用戶借助必要的設備（鼠標、方向盤等外部配件）以自然的方式與虛擬環境中的對象進行交互作用、相互影響，從而產生親臨真實環境的感受和體驗。其主要優勢：不受場地限制，表現效果更為優美、逼真，具有很強的交互性，走進三維虛擬仿真中的虛擬環境，恰如身臨其境。

第三，投影電子沙盤。投影沙盤是採用以計算機技術為核心的現代高科技手段生成逼真的三維圖像模型，借助投影顯示設備或其他顯示設備把計算機上的三維或四維圖形圖像模型顯示到臺面上。具體地說，就是將模擬的三維立體影像精確投影到實體模型的相應位置，與實體沙盤互動展示的演示相映生輝，使沙盤的演示效果更加形象、生動，還可以是桌面投影、地面投影、牆面壁投影顯示等，參觀者以自然的手勢動作與大屏幕投影的三維模型交互作用，多方位多層次瀏覽查詢，從而快速地獲取簡明、精確、優美、逼真的動態信息。

此外，沙盤模型如今也被用於心理治療領域。沙盤遊戲治療是目前國際上很流行的心理治療方法。在幼兒園和中小學校，它被廣泛應用於兒童和青少年的心理教育與心理治療；在大學和成人的心理診所，它也深受歡迎。通過喚起童心，人們找到了迴歸心靈的途徑，進而身心失調、社會適應不良、人格發展障礙等問題在沙盤中得以化解。可以說，隨著時間的推移，沙盤必將滲入生活的更多方面，為生活帶來更多的便利。

1.1.2　ERP 的含義

經濟學強調對資源的優化配置，其目的是「少投入、多產出」，企業作為社

會組織中的經濟實體，永遠離不開這一目標，即通過統一規劃並協調運作其業務活動，對資源進行優化配置，從而更有效率地達成組織目標。ERP 是英文 Enterprise Resource Planning（企業資源計劃）的縮寫，其核心就是利用先進的理念和工具，對企業所有的資源進行優化配置，從而最優地達成企業目標。簡單地說，就是將企業的三大流——物流、資金流、信息流進行全面集成的管理和優化。我們可以從管理思想、軟件產品、管理系統三個層次給出 ERP 的定義：

①ERP 是由美國著名的計算機技術諮詢和評估集團 Garter Group 提出的一整套企業管理系統體系標準，其實質是在 MRP Ⅱ（英文 Manufacturing Resource Planning 的縮寫，即製造資源計劃）的基礎上進一步發展而成的面向供應鏈（Supply Chain）的管理思想。

②ERP 是綜合應用了客戶機/服務器體系、關係數據庫結構、面向對象技術、圖形用戶界面、第四代語言（4GL）、網路通信等信息產業成果，以 ERP 管理思想為靈魂的軟件產品。

③ERP 是整合了企業管理理念、業務流程、基礎數據、人力物力、計算機硬件和軟件於一體的企業資源管理系統。其主要宗旨是對企業所擁有的人、財、物、信息、時間和空間等綜合資源進行綜合平衡和優化管理，協調企業各管理部門，圍繞市場導向開展業務活動，提高企業的核心競爭力，從而取得最好的經濟效益。

所以，ERP 不僅是一個軟件，也是一個管理工具。它是 IT 技術與管理思想的融合體，也就是先進的管理思想借助電腦，來達成企業的管理目標。

目前，ERP 在中國所代表的含義已經被擴大，用於企業的各類軟件，均已被納入 ERP 的範疇。它跳出了傳統企業邊界，從供應鏈範圍去優化企業的資源，是基於網路經濟時代的新一代信息系統，主要用於改善企業業務流程以提高企業的核心競爭力。

1.1.3　ERP 沙盤

ERP 沙盤，是企業資源規劃沙盤的簡稱，即利用實物沙盤直觀、形象地展示企業的內部資源和外部資源。通過 ERP 沙盤可以展示企業的主要物質資源，包括廠房、設備、倉庫、庫存物料、資金、職員、訂單、合同等各種內部資源；還可以展示包括企業上下游的供應商、客戶和其他合作組織，甚至為企業提供各種服務的政府管理部門和社會服務部門等外部資源。一般來說，ERP 沙盤展示的重點是企業內部資源。

ERP 沙盤必須將企業的物流、資金流、信息流和企業的基本組織結構反應到沙盤盤面上。從輸入輸出系統角度而言，任何一個企業必具備三大職能：市場營銷、內部營運和生產、財務會計。其中，市場營銷是企業生存和發展的源頭，內部營運和生產是企業生存和發展的具體方式，財務會計是企業生存和發展的狀況。因此，ERP 沙盤企業必須反應這三大職能和三大流，如圖 1-1 和圖 1-2 所示。

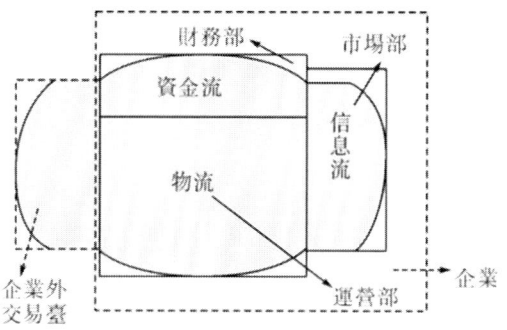

圖 1-1　ERP 沙盤企業盤面

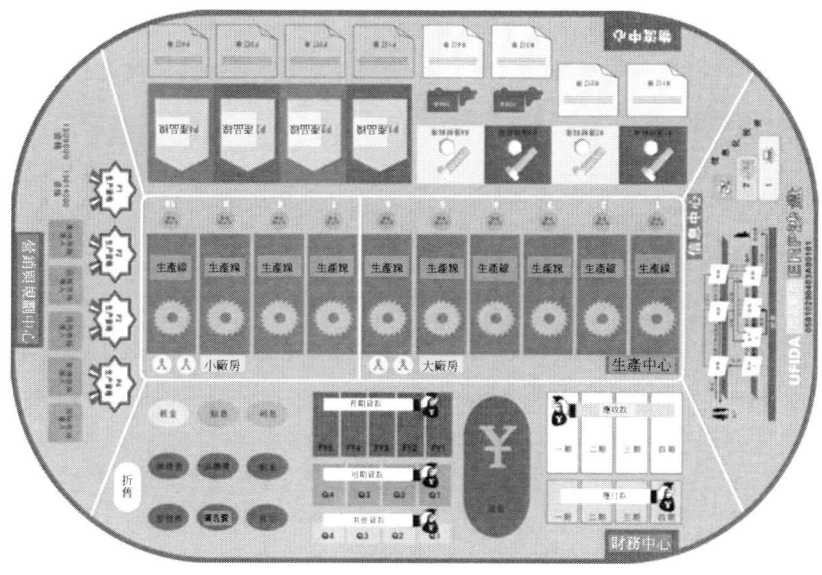

圖 1-2　用友 ERP 沙盤企業盤面

　　圖 1-2 中的物流中心和生產中心即圖 1-1 中的營運部，是企業的內部營運與生產中心，主要負責在原料市場上獲得企業所需的人力、物料、技術、設備，通過企業生產中心的生產製造，生產出產品，然後再將產品賣給市場客戶，主要承擔著物流的營運：實現原材料、半成品、成品及相關信息由商品的產地到商品的消費地所進行的計劃、實施和管理的全過程；圖 1-2 中的財務中心和圖 1-1 中的財務部就是承擔企業的財務會計職能的組織部門，主管著隨著商品實物及其所有權的轉移而發生的資金往來過程，即承擔著資金流的營運管理：從企業外部獲得資金，支出資金獲得原料並生產出產品，將產品售賣給顧客回收資金；圖 1-2 中的營銷與規劃中心和圖 1-1 中的市場部是承擔企業市場營銷的組織部門，通過交易其創造的產品，滿足需求和慾望的一種社會和管理過程，主管著市場信息流的營運管理：採用各種方式來實現信息交流，包括信息的收集、傳遞、處理、儲存、檢索、分析等渠道和過程。綜上所述，ERP 沙盤企業盤面可以通過盤面和相

應的工具將企業的基本狀況反應出來，並通過各個企業部門員工上崗運作來進行模擬企業的經營管理，提高其經營管理水平。

1.2　ERP沙盤模擬課程簡介

1.2.1　課程描述

　　ERP沙盤模擬的前身是企業營運沙盤仿真實驗，自從1978年被瑞典皇家工學院的科拉斯·梅蘭（Klas Mellan）開發之後，沙盤模擬演練迅速風靡全球，國際上許多知名的商學院（如哈佛商學院、瑞典皇家工學院等）和一些管理諮詢機構都在用沙盤模擬演練，對職業經理人、MBA、經濟管理類學生進行培訓，以期提高他們在實際經營環境中的決策和運作能力。目前，沙盤推演已經得到普遍推廣，企業資源計劃沙盤模擬就是其中之一，也就是我們所說的ERP沙盤模擬實訓。21世紀初，中國的用友、金蝶等軟件公司相繼開發出了ERP沙盤模擬演練的教學版，將它推廣到高等院校的實驗教學過程中。本教材中所介紹的便是用友公司推出的ERP沙盤模擬演練的版本。現在，越來越多的高等院校為學生開設了ERP沙盤模擬課程，並且都取得了很好的教學效果。

　　ERP沙盤模擬課程就是利用直觀形象的沙盤教具，構建仿真企業環境，讓學生以企業管理者的角色進入場景，並在動態的競爭中運作企業，實現企業資源的有效配置與協調。ERP沙盤模擬課程可分為實物沙盤經營和電子沙盤經營（結合實物）兩種形式。實物沙盤經營的優點是形象直觀，靈活性高，教師把控自由度大，經營氣氛好，適合初學者；缺點是組織要求高，監控難度大，一次參與不宜超過12組。電子沙盤可獨立運行，也可以結合實物沙盤運行，其優點是監控容易，一次參與隊數較多；缺點是不夠形象直觀，適合提高及競賽使用。

　　在ERP沙盤模擬實訓中，受訓學員被分成6個相互競爭的模擬管理團隊，每個團隊分別設置總經理、財務經理、營銷經理、生產經理、採購經理等角色。各團隊分別經營一個銷售良好、資金充裕的虛擬公司，連續從事6個會計年度的經營活動。通過直觀的企業經營沙盤來模擬企業運行狀況，學員從整體戰略、產品研發、設備投資改造、生產能力規劃與排程、物料需求計劃、資金需求規劃、市場與銷售、財務經濟指標分析、團隊溝通與建設等多個方面，體會企業經營運作的全過程，認識到企業資源的有限性，從而深刻理解ERP的管理思想，領悟科學的管理規律，提升管理能力。指導教師通過運用分組討論、集中研討、角色扮演、情景模擬、案例分析、教師點評等多種教學手段，調動受訓學員在高度興奮狀態下完成實訓課程，確保受訓學員對先進的經營思想和管理方法充分理解並嫻熟運用。

　　ERP沙盤模擬實訓的過程如圖1-3所示。

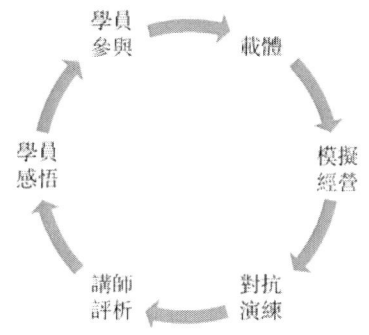

圖 1-3　ERP 沙盤模擬實訓過程

1.2.2　課程內容

ERP 沙盤模擬課程涉及的教學內容包括：

（1）整體戰略方面，包括：評估企業內部資源與外部環境，預測市場趨勢，制定長中短期經營策略。

（2）生產運作方面，包括：獲取生產能力的方式，設備更新與生產線改良，調配市場需求，交貨期和數量，庫存管理及產銷配合等。

（3）市場營銷方面，包括：市場分析，開發新產品決策，產品組合與市場定位策略的制定，市場地位的建立與維護，不同市場盈利機會的研究與開拓。

（4）財務管理方面，包括：制訂投資計劃，評估應收帳款回收期，現金流量的管理與控製，財務報表編制，財務分析與內部診斷，協助管理決策，評估決策效益等。

ERP 沙盤模擬的課程內容與目標對應關係如圖 1-4 所示。

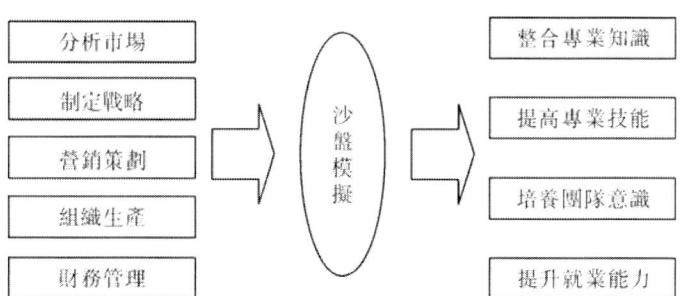

圖 1-4　ERP 沙盤模擬課程的內容與目標

1.2.3　課程特色

1. 課堂生動有趣，激發學生的學習熱情

傳統的管理課程教學方式都是以「理論+案例」為主，理論比較枯燥，而案例又以實際企業當前存在的管理問題為主。這種教學模式只能將理論知識在案例中闡述，然而 ERP 沙盤模擬實訓課程正好彌補了此類教學模式的缺點。沙盤模擬

實訓，使學生完全置身於模擬企業之中，通過自身的經營與管理，學生親身體會和深刻感受到如何管理企業。這種體驗式教學不僅把多種管理知識融於一體，而且增強了學習的娛樂性和主動權，使枯燥的課程變得生動有趣；它還能通過制定修改遊戲規則進行組內協作和組間對抗，激發了參與者的競爭意識和學習熱情，使其學會收集、加工和利用信息，累積管理經驗，縮短了理論與實踐的距離，為以後學習管理知識增添了動力。

2. 突破專業壁壘，拓寬學生的知識體系

隨著經濟活動日漸複雜化和多樣化，不確定性經濟事項日益增多，經濟管理類專業學生將面臨多元、開放和動態的工作環境，對其知識結構和職業能力亦提出了更高的要求。ERP 沙盤模擬演練，對企業經營管理進行全方位的展現，設計了戰略規劃、產品研發、生產組織、市場與銷售、財務管理、團隊溝通與建設等諸多環節，涵蓋的知識面非常寬廣。企業管理團隊要將每一個環節運行好，實現財務、採購、生產、營銷的一體化，實現物流、資金流、信息流的協調統一。而解決這些問題，需要學生靈活運用所學工商管理、市場營銷、財務會計等學科的專業知識。ERP 沙盤模擬課程將以上內容進行有機整合，打破各學科的專業壁壘，將零散的專業知識轉化為相互貫通的系統知識，並且將這種整合後的知識靈活運用於工作以解決實際問題，從而實現理論與實踐的真正結合。

3. 改變思維定式，提高學生分析和解決問題的能力

傳統的案例教學模式都是由老師在對理論知識進行講解的基礎上，再通過案例來加深理解，這其實是給了學生一個思維定式，告訴學生這麼做是對的，在一定程度上限定了學生的思維方式，無法開拓學生的個性，不能使其膽識和才智得以充分發揮。而沙盤模擬實訓由於情況複雜，可變性多，不僅增強了趣味性，而且讓學生自己去扮演企業中的相應角色，面對各種情況自己去分析、做決策，去應對隨時可能發生的各種實際問題並著手解決，同時還要不斷地分析決策的成功與失誤，分析經營的得與失，分析實際與計劃的偏差並及時糾正，這無疑是對學生能力最好的訓練和檢驗。

4. 加強團隊協作，幫助學生養成良好的工作習慣

在 ERP 沙盤模擬中，從崗位分工、職位定義、溝通協作、工作流程到績效考核，每個團隊都會經歷從初期組建、短暫磨合，到逐漸形成團隊默契，再到完全進入協作狀態的過程。在這個過程中，各自為戰導致的效率低下、無效溝通引起的爭論不休、職責不清產生的秩序混亂等情況，會使學生深刻地理解「局部最優不等於總體最優」的道理。學會換位思考，明確只有在組織全體成員有著共同願景、朝著共同的績效目標奮鬥、遵守相應的工作規範、彼此信任和支持的氛圍下，企業才能獲得成功。「細節決定成敗，習慣成就未來」，ERP 沙盤模擬實訓讓學生在模擬經營中認識團隊的實質，體會溝通的意義，實地學習如何在立場不同的各部門間溝通協調，樹立全局意識，努力培養不同部門人員的共同價值觀與經營理念以及勇於負責的責任感。這些都必將對他們將來走上工作崗位產生深遠的影響。

5. 利於視野拓展，促使學生做好人生規劃

在課程結束的時候，要求學生針對經營的各個企業在最終所有者權益的基礎上，綜合考慮廠房、生產線等硬件條件，以及市場開拓、產品研發、ISO 認證等諸多軟環境，得出企業的最終經營業績。學生從這些指標可以看到最終的經營成果，從而更重視企業的綜合發展潛力，即企業的可持續發展能力，這恰好與現實中企業的考核不謀而合。這樣做使學生能把眼光放得更長遠，充分地著眼於企業的未來發展，而不僅僅局限於眼前或某一年現金的多少、權益的多少等一時的輸贏上。這些對於學生做好自身規劃，樹立正確的人生觀和價值觀都能起到積極作用。

1.2.4　課程局限性

ERP 沙盤模擬雖然對實踐教學有積極作用，但在模擬比賽中也存在著各種不足，與企業的真實情況有一些差別：

（1）在整個模擬實訓過程中沒有涉及人員的招聘，如生產車間如何安排工人生產，生產哪種商品，研發的技術人員安排，採購銷售人員的指派問題以及工資的分發比例設置。

（2）在模擬實訓中正常線上生產的所有產品都是合格的，不存在次品，機器工作效率為100%，不涉及維修及維護狀態。銷售出去的商品都符合客戶要求不涉及退貨，不涉及產品的售後服務等各種費用支付，這與真實的企業經營情況不相符。

（3）市場上銷售的同類產品不存在差異性，完全不能反應產品之間的質量問題、售後服務、品牌效應、技術差別以及顧客的偏好問題。在模擬實訓中更多地注重規模效應，可供選擇的只能是銷售收入領先戰略。

（4）市場地位的確定是以產品廣告的投入為依據，沒有考慮到產品的定位和定價策略問題，也沒有涉及銷售渠道的有效性以及促銷手段的差異性。

（5）財務計算與現實有出入。其一，在比賽中所有的應收帳款都可以拿來貼現，而實際上只有應收票據可以，一般的應收帳款只可以出售給銀行或者以此質押取得貸款，這種做法實際上增加了企業的營運資金，同時又沒有考慮或有負債的影響。其二，所有的應收帳款都沒有提取壞帳準備，所有的存貨都沒有計提跌價準備，這種做法使得企業的帳面業績跟真實業績有一定的出入。其三，原材料採購是一次全部付現，沒有商業信用的產生，沒有應付帳款和應付票據。這樣就增加了企業對流動資金的要求，並實際上降低了企業的盈利水平。

1.3　ERP 沙盤模擬的教學組織

1.3.1　教學過程

1. 設置情境角色

將受訓學生分成若干個小組（最多不超過 12 組），分別模擬一家處於製造行業、規模相當、起點一致的相互競爭的企業（為簡化起見，可將模擬企業依次命名為 A 組、B 組、C 組、D 組、E 組……）。每個小組由 5~7 名學生組成，分別

擔任企業經營過程中需要的各個管理人員角色，一般包括 CEO、營銷總監、營運總監、採購總監、財務總監等主要角色。當人數較多時，還可以適當增加財務助理、總經理助理以及商業間諜等輔助角色。在幾年的經營過程中，學生可以進行角色互換，從而體驗角色轉換後考慮問題的出發點的相應變化，也就是學會換位思考。教師可以指定 2~3 位同學擔任銀行、原材料供應商、客戶、設備提供商等裁判角色，負責貸款、原材料購買、產品交貨、設備採購等事務的處理。教師則在對抗中擔任市場和執法的角色，通過指導學生演練並根據學生在現場的實際操作情況，動態分析成敗的原因和關鍵因素，幫助學生將操作過程中獲得的感性體驗昇華為理性認識。

2. 學習相關理論知識

在 ERP 沙盤模擬中，需要綜合運用多門學科的理論知識，包括戰略管理、營銷管理、生產運作管理、財務管理、人力資源管理、信息情報管理等。在正式開始企業營運之前，教師需要引導學生對已學的相關專業理論知識和方法進行回顧，使其在 ERP 沙盤模擬經營過程中自覺運用相關理論知識來解決企業經營中的實際問題，真正做到學以致用，理論與實踐相結合。

3. 熟悉經營規則

ERP 沙盤模擬有一整套經營規則，包括：①市場劃分與市場准入；②銷售會議與訂單爭取；③廠房購買、出售與租賃；④生產線購買、轉產與維修、出售；⑤產品生產；⑥產品研發與 ISO 認證；⑦融資貸款與貼現。這些規則是模擬企業進行日常經營的約束條件，是企業發展和市場競爭必須遵守的行為規範，所有受訓學員必須在模擬營運開始之前認真學習規則，熟悉規則，並在實際經營過程中嚴格遵守規則。

4. 起始狀態設定

ERP 沙盤模擬企業的經營不是從創建之初開始的，而是接手一個已經經營了兩年的企業，這是模擬企業的起點。通過該企業起始年年初的基本盤面以及財務報表，受訓學生可以清楚地瞭解接手時企業的基本情況，為模擬企業接下來的經營做好準備。

5. 起始年經營預演練

為了讓受訓學生熟悉 ERP 沙盤模擬的營運流程、經營規則，以及實物沙盤和電子沙盤的操作方法，教師需要帶領學生進行為期一年的預演練，該年度被稱為起始年。在起始年經營中，教師將統一制定模擬企業的年度規劃，統一投放廣告額度，各模擬公司獲得相同的訂單，受訓學生也將嚴格按照企業營運流程表中的流程進行經營。在經營完成之後，要求各小組獨立完成起始年的綜合費用管理表、利潤表和資產負債表的填列工作。教師針對學生在完成以上三個財務報表過程中遇到的問題進行指導，為學生開始正式經營做準備。

6. 正式經營對抗演練

模擬企業正式經營是 ERP 沙盤模擬中最重要的部分，由學生自主完成，教師充當指導者和執法者的角色，指定同學充當裁判角色。正式經營按年度展開，每個經營年度又分為四個經營季度。ERP 沙盤模擬課程通常要求學生完成六年的企

業經營，每個經營年度的經營流程依次是：市場信息收集與分析—召開年度規劃會議—廣告投放與訂單選取—制訂企業年度計劃（包括年度生產計劃、原材料採購計劃、產品研發計劃、市場開拓計劃、現金預算計劃、籌資計劃等）—執行年度經營—編制財務報表—年度經營總結。

7. 學員總結與教師點評

學生在 ERP 沙盤模擬課程的學習中要想獲得理想的學習效果，必須及時對經營過程中的經驗和教訓進行總結。每個經營年度完成以後，教師都要結合專業理論知識和每個模擬企業的實際情況，針對普遍存在的問題和典型案例進行解析，幫助學生深刻反思成在哪裡、敗在哪裡、競爭對手情況如何、是否需要對企業戰略進行調整。全部模擬經營結束後，要求模擬企業完成企業經營成果總結和個人崗位職責履行情況總結，並形成總結演示文稿，在總結會上進行匯報，讓參與學員相互分享成功經驗和失敗教訓。

1.3.2 教學工具

1. 實物沙盤

實物沙盤由各種用於 ERP 模擬的實物道具組成，每個模擬企業都配備一套實物沙盤道具，包括一張系統盤面、不同顏色的彩幣（紅、黃、藍、綠）、現金幣（灰）、空桶、產品標示、生產線標示、生產資格證書、市場准入證書、ISO 資格認證證書、訂單等，如表 1-1 所示。

表 1-1　　　　　　　　　　實物沙盤教具說明

序號	名稱	說明
1	系統盤面	一張系統盤面表示一家企業，一般有 6~12 張，每張盤面分營銷與規劃中心、生產中心、物流中心、財務中心
2	彩幣	分紅、黃、藍、綠四種顏色，表示原材料 R1、R2、R3、R4
3	現金幣（灰）	用於表示金錢，一個幣表示一百萬元，一桶二十個，表示兩千萬元
4	空桶	用於盛裝灰幣或彩幣，同時可表示原料訂單、長短貸
5	產品標示	用於表示生產線是生產哪種產品——P1、P2、P3、P4
6	生產線標示	用於表示生產線——手工線、半自動線、自動線、柔性線
7	生產資格證書	表示可以生產擁有資格證的產品
8	市場准入證書	表示該企業可以在擁有准入證市場投廣告，拿訂單
9	ISO 資格認證證書	表示可以獲取有 ISO 資格要求的訂單，分 ISO9000、ISO14000 兩種
10	訂單	表示各企業從市場獲得的訂單，是銷售依據

此外，市場預測、經營流程表、年度財務報表、重要經營規劃等資料也會在模擬營運開始前發放給學生，以幫助學生在 ERP 沙盤模擬中更好地開展經營，並能更好地理解相關企業管理理論知識。

2. 電子沙盤

ERP 電子沙盤是模擬企業經營活動的軟件系統，是基於流程的互動經營模式的模擬經營平臺。該系統與實物沙盤相結合，繼承了 ERP 實物沙盤直觀形象的特點，同時實現了選定、經營流程控製、財務報表核對、經營成果分析、融資以及交貨等業務的自動化，將教師從選單、數據錄入、現場監控、財務報表核對等事務性工作中解放出來，將重點放在對學生經營過程的指導和分析總結上。以用友「創業者」電子沙盤為例，其教學工具如表 1-2 所示。

表 1-2　　　　　　　　　「創業者」電子沙盤教具說明

序號	名稱	說明
1	市場預測	各組市場預測——支持 6~18 組
2	經營流程表	訓練時學生用表（任務清單及記錄）
3	會計報表	各年度會計報表
4	應收貸款記錄表	訓練時記錄應收和貸款情況用
5	重要經營規則	快速查詢主要規則
6	Aports	查找、關閉占用 80 端口程序的工具
7	創業者安裝說明	系統安裝說明文件
8	後臺管理（教師）操作說明	管理員（教師）操作手冊
9	前臺（學生）操作說明	學生操作手冊
10	創業者軟件安裝操作演示	系統安裝操作視頻講解
11	創業者教師端（後臺）操作演示	管理員（教師）操作視頻講解
12	創業者學生端（前臺）操作演示	學生端（前臺）操作視頻講解
13	安裝主程序	需要和加密狗匹配使用

2 ERP 與企業經營管理

2.1 ERP 的工作流程與功能模塊

2.1.1 ERP 的發展歷程

在前一章中，我們對 ERP 的含義有了初步的認識，ERP（企業資源計劃）是一種管理理念，是建立在信息技術的基礎上，用系統化的管理思想為企業決策層及員工提供決策運行手段的管理平臺。ERP 的理論發展歷程大致經歷了以下幾個階段：

（1）20 世紀 40 年代：為解決庫存控制問題，人們提出了訂貨點法，當時計算機還沒有出現。

（2）20 世紀 60 年代：隨著計算機系統的發展，短時間內對大量數據的複雜運算成為可能，人們為解決訂貨點法的缺陷，提出了 MRP（Material Requirement Planning，即物料需求計劃）理論。

（3）20 世紀 70 年代：隨著人們認識的加深及計算機系統的進一步普及，MRP 的理論範疇也得到了發展。為解決採購、庫存、生產、銷售的管理，人們發展了生產能力需求計劃、車間作業計劃以及採購作業計劃。

（4）20 世紀 80 年代：隨著計算機網路技術的發展，企業內部信息得到充分共享，MRP 的各子系統也得到了統一，形成了一個集採購、庫存、生產、銷售、財務等於一體的子系統，發展了 MRP Ⅱ 理論。

（5）20 世紀 90 年代：20 世紀 80 年代 MRP Ⅱ 主要是面向企業內部資源全面計劃管理，而到了 20 世紀 90 年代開始轉變為如何有效利用和管理整體資源的管理思想，ERP 理論也就隨之產生了。

2.1.2 ERP 的工作流程

ERP 並非高深莫測，它可能就發生在我們身邊。下面通過一個家庭請客吃飯的例子①（如圖 2-1 至圖 2-6② 所示），來幫助我們理解 ERP 的功能作用及其工作流程。

1. 丈夫請客吃飯（簽訂合同訂單）

一天中午，丈夫在外給家裡打電話：「親愛的老婆，晚上我想帶幾個同事回

---

① 孫金鳳. ERP 沙盤模擬演練教程［M］. 2 版. 北京：清華大學出版社，2014：24-26.
② 漫畫來自企業學習材料中的插圖，原創作者為王奎碗.

家吃飯可以嗎？」（訂貨意向）

妻子：「當然可以，來幾個人，幾點來，想吃什麼菜？」（瞭解客戶需求）

丈夫：「6個人，我們7點左右回來，準備些酒、烤鴨、番茄炒蛋、涼菜、蛋花湯……你看可以嗎？」（商務溝通，發出訂單）

妻子：「沒問題，我會準備好的。」（訂單確認）

圖 2-1　ERP 實例解析（a）

2. 安排晚飯計劃（ERP 中的計劃層次）

（1）確定菜譜（ERP 中的 MPS 主生產計劃）

妻子記錄下需要做的菜（MPS 計劃/主生產計劃），具體要準備的東西：鴨、酒、番茄、雞蛋、調料……（BOM 物料清單見圖 2-3 所示）

圖 2-2　ERP 實例解析（b）

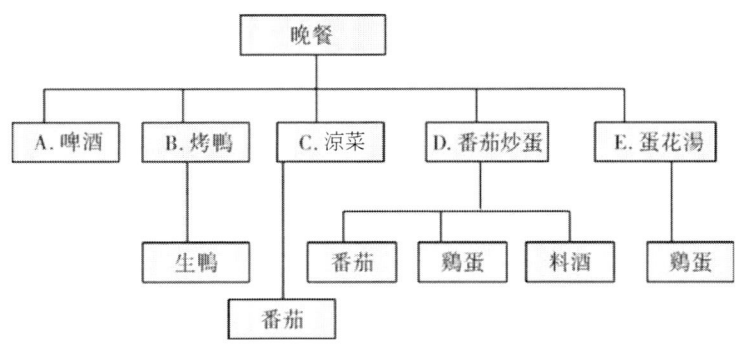

圖 2-3　ERP 中的 BOM 物料清單

（2）確定原料採購種類與數量（ERP 中的 MRP 物料需求計劃）

發現晚餐需要：1 只鴨，5 瓶酒，4 個番茄（BOM 展開），炒蛋需要 6 個雞蛋，蛋花湯需要 4 個雞蛋（共用物料）。打開冰箱一看（庫房存貨檢驗），只剩下 2 個雞蛋（缺料），由此得出所需要購買菜的淨需求量，或制訂採購計劃。

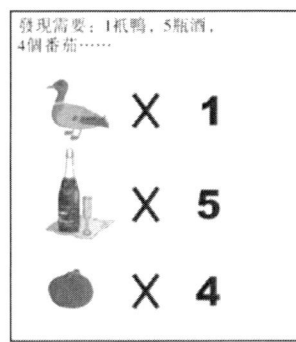 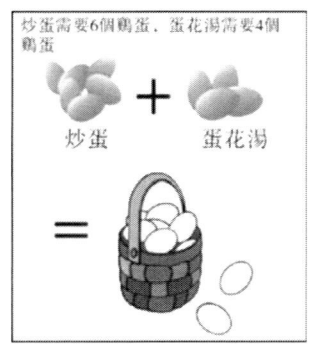

圖 2-4　ERP 實例解析（c）

3. 買菜（ERP 中的採購與庫存管理）

妻子來到自由市場買菜。

妻子：「請問雞蛋怎麼賣？」（採購詢價）

小販：「1個1元，半打5元，一打9.5元。」（報價）

妻子：「我只需要8個，但這次買一打。」（經濟批量採購）

妻子：「這有1個壞的，換1個。」（驗收，退料，換料）

圖 2-5　ERP 實例解析（d）

4. 做飯（ERP 中的生產管理）

回到家中，準備洗菜、切菜、炒菜……（安排工藝線路）。廚房中有燃氣竈、微波爐、電飯煲……（工作中心）。妻子發現拔鴨毛最費時間（確定瓶頸工序，關鍵工藝路線），用微波爐自己做烤鴨可能來不及（產能不足），於是決定在樓下的餐廳裡買現成的（產品委外加工）。

下午4點，電話鈴又響，兒子電話：「媽媽，晚上幾個同學想來家裡吃飯，你幫忙準備一下。」（緊急訂單）

媽媽：「好的，你們想吃什麼？爸爸晚上也有客人，你願意和他們一起吃嗎？」（瞭解客戶需求）

兒子：「菜你看著辦吧，但一定要有番茄炒雞蛋，我們不和大人一起吃，18:30左右回來。」（拒絕並單處理）

媽媽：「好的，肯定讓你們滿意。」（訂單確認）

雞蛋又不夠了，打電話叫小販送來。（緊急採購）

18:30，一切準備就緒，可烤鴨還沒送來，急忙打電話詢問：「我是李太太，

怎麼訂的烤鴨還不送來?」(採購委外單跟催)

「不好意思,送貨的人已經走了,可能是堵車吧,馬上就會到的。」

門鈴響了。「李太太,這是您要的烤鴨。請在單上簽個字。」(驗收、入庫、轉應付帳款)

18:45,女兒的電話:「媽媽,我想現在帶幾個朋友回家吃飯可以嗎?」(又是緊急訂購意向,要求現貨)

媽媽:「不行呀,女兒,今天媽媽已經需要準備兩桌飯了,時間實在是來不及,真的非常抱歉,下次早點說,一定給你們準備好。」(這就是 ERP 的使用局限,要有穩定的外部環境,要有一個起碼的提前期)

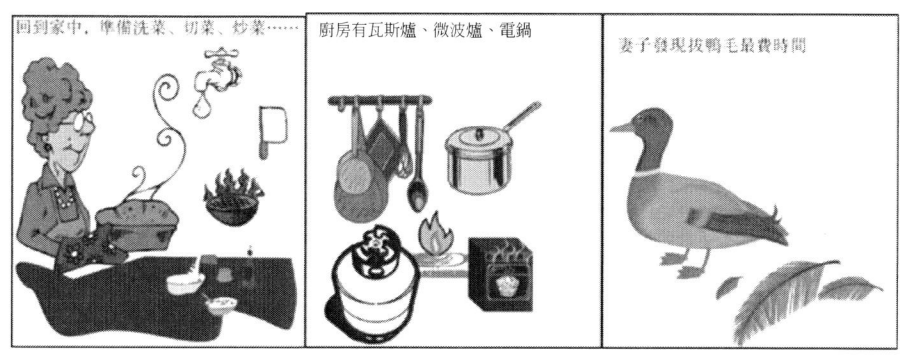

圖 2-6　ERP 實例解析（e）

企業經營與 ERP 沙盤模擬實訓教程

5. 算帳（ERP 中的財務系統）

送走了所有客人，疲憊的妻子坐在沙發上對丈夫說：「親愛的，現在咱們家請客的頻率非常高，應該要買些廚房用品了（設備採購，增加產能），最好能再雇個小保姆（人力資源系統接口）。」

丈夫：「家裡你做主，需要什麼你就去辦吧。」（通過審核）

妻子：「還有，最近家裡花銷太大，用你的私房錢來補貼一下，好嗎？」（資金預算，應收貨款的催要）

接著，妻子拿著計算器，準確地算出了今天的各項費用（成本核算）254 元和節餘原材料（車間退料），並計入了日記帳（總帳），把結果念給丈夫聽（給領導報表）。

丈夫：「值得，花了 254 元，請了好幾個朋友，感情儲蓄帳戶增加了若干（經濟效益分析）。今後這樣的感情投資晚宴還會經常舉辦……可以考慮，你就全權處理吧！」（預測公司未來發展）

通過以上實例，我們可以清楚地看到，ERP 的核心就是解決企業三大計劃（銷售計劃、採購計劃、生產計劃）的平衡（如圖 2-7 所示）。

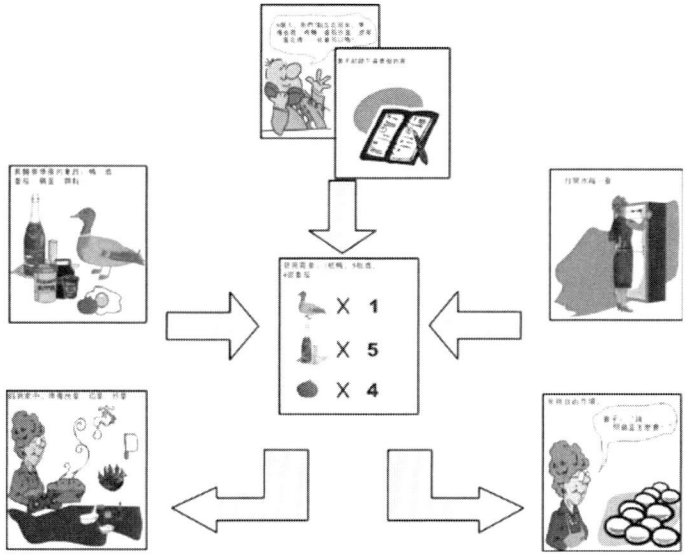

圖 2-7（a） ERP 實例中的核心任務

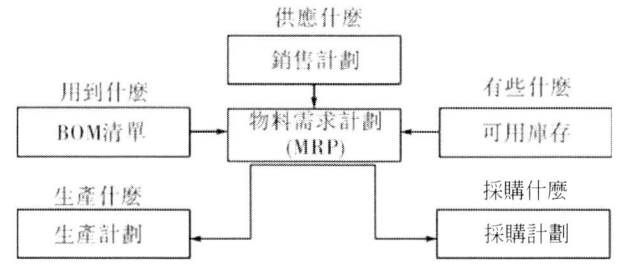

圖 2-7（b） ERP 的核心邏輯結構

2.1.3 ERP 系統的功能模塊

ERP 系統將企業所有資源進行整合集成管理，也就是將企業的三大流（物流、資金流、信息流）進行全面一體化管理的管理信息系統。它的功能模塊不同於以往的 MRP 或 MRP Ⅱ 的模塊，它不僅可用於生產企業的管理，而且在許多其他類型的企業如一些非生產、公益事業的企業也可導入 ERP 系統進行資源計劃和管理。

在企業中，一般的管理主要包括三方面的內容：生產控製（計劃、製造）、物流管理（分銷、採購、庫存管理）和財務管理（會計核算、財務管理）。這三大系統本身就是集成體，它們互相之間有相應的接口，能夠很好地整合在一起來對企業進行管理，如圖 2-8 所示。

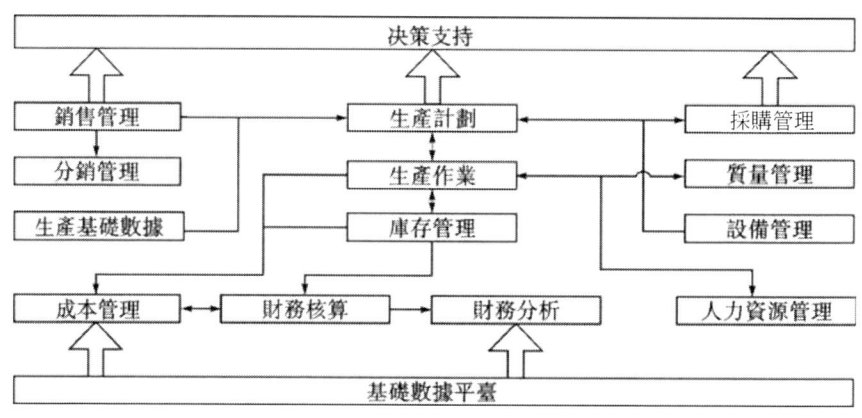

圖 2-8　ERP 系統主要功能模塊

1. 生產控製管理模塊

這一部分是 ERP 系統的核心所在，它將企業的整個生產過程有機地結合在一起，使得企業能夠有效地降低庫存，提高效率。同時各個原本分散的生產流程的自動連接，也使得生產流程能夠前後連貫，而不會出現生產脫節，耽誤生產交貨時間。

生產控製管理是一個以計劃為導向的先進的生產管理方法。首先，企業確定一個總生產計劃，再經過系統層層細分後，下達到各部門去執行，即生產部門依此生產，採購部門按此採購等。

生產製造系統是製造業企業生產經營管理的主體，也是 ERP 系統的精髓。ERP 系統是在製造資源計劃管理系統（MRP Ⅱ）的基礎上發展起來的。合理配置企業內外部供應、需求和已經擁有的各種資源，制訂切實可行的生產計劃，並把各種計劃的執行情況實時地反饋給計劃管理部門，形成閉環的生產計劃與控製系統，以保證各生產部門、工序間的銜接及企業整體計劃的完成，使企業資源配置達到最優化，以較少的投入獲得更大的產出。生產製造系統使生產管理層次和工作流程大大簡化，提高了企業對市場的快速應變能力。

2. 物流管理模塊

該模塊包括採購管理、銷售管理、庫存管理、運輸管理等模塊，主要提供了採購、庫存、銷售業務的全面的、綜合的管理，可以幫助企業優化供應鏈，減少庫存積壓，縮短交貨週期，提高資金週轉率。其中採購管理以請購單和採購單為核心，透過與庫存管理系統、應付管理系統的連接，達到對採購業務流程的完整控製，從源頭提升整個供應鏈的價值。採購系統從三個方面（物料需求計劃、物料訂貨點計劃、零星的採購申請）嚴格控制物料的庫存，避免物料積壓或短缺；有效地管理供應商報價及供貨信息，並對供應商進行全面的管理和評審；實施合理的採購計劃並進行嚴格的審批，支持凍結、取消或終止採購單，以控製遠程交易。

3. 財務管理模塊

企業中清晰分明的財務管理是極其重要的，在 ERP 整個方案中它是不可或缺的一部分。ERP 中的財務模塊與一般的財務軟件不同，作為 ERP 系統的一部分，它和其他模塊有相應的接口，能夠相互集成，一般 ERP 的財務管理模塊分為會計核算與財務管理兩大塊。

會計核算主要是記錄、核算、反應和分析資金在企業經濟活動中的變動過程及其結果，它由總帳、應收帳、應付帳、固定資產等部分構成。

① 總帳模塊是整個會計核算的核心，負責處理記錄記帳憑證輸入、登記，輸出日記帳，一般明細帳及總分類帳，編制主要會計報表。

② 應收帳模塊是指企業應收的由於商品賒欠而產生的正常客戶欠帳款。它包括發票管理、客戶管理、付款管理、帳齡分析等功能。

③ 應付帳模塊是企業應付購貨款等帳，它包括了發票管理、供應商管理、支票管理、帳齡分析等。

④ 現金管理模塊，它主要是對現金流入流出的控製以及零用現金及銀行存款的核算。

⑤ 固定資產核算模塊，主要來完成對固定資產的增減變動以及折舊有關基金計提和分配的核算工作。

⑥ 多幣制模塊是為了適應當今企業的國際化經營對外幣業務的結算要求而產生的。該模塊將企業整個財務系統的各項功能以各種幣制來表示和結算，且客戶訂單、庫存管理及採購管理等也能使用多幣制進行交易管理。

⑦ 工資核算模塊，即自動進行企業員工的工資結算、分配、核算以及各項相關經費的計提。

⑧ 成本模塊，即依據產品結構、工作中心、工序、採購等信息進行產品的各種成本的計算，以便進行成本分析和規劃。

財務管理主要是基於會計核算的數據，對其加以分析，並進行相應的預測、管理和控製活動。它側重於財務計劃、控製、分析和預測。

① 財務計劃是根據前期財務分析做出下期的財務計劃、預算等。

② 財務分析，即提供查詢功能和通過用戶定義的差異數據的圖形顯示進行財務績效評估、帳戶分析等。

③ 財務決策是財務管理的核心部分，中心內容是做出有關資金的決策，包括資金籌集、投放及資金管理。

2.2　ERP 對企業經營管理的影響

ERP 通過對企業擁有的製造資源（如人、財、物、信息、時間、空間等）進行綜合平衡和優化管理，並協調企業生產經營各個環節，以市場為導向開展企業的各項業務活動，全方位地提高企業市場競爭力，從而取得較好的經濟效益。具體而言，ERP 的應用給企業經營管理主要帶來以下價值：

1. 在生產管理方面，ERP 系統提供了生產能力平衡的依據

任何企業的生產能力都是有限的。在企業安排生產計劃時，由於加工任務分布不均，加工負荷往往集中落在某些設備上，使這些設備的加工能力滿足不了生產計劃的需求而處於超負荷狀態，成為生產的「瓶頸」。這種瓶頸現象的出現必然影響生產進度和生產計劃的實現。ERP 系統提供的能力需求計劃編制模塊，對生產計劃進行能力測算，將生產計劃涉及的各工作中心承擔的生產負荷按時間段疊加起來，與該工作中心在該時間段所能提供的能力（設備能力或人工能力）進行對比分析，判斷該工作中心為完成生產計劃生產能力超/欠的情況，並利用圖表顯示負荷與能力對比情況，為計劃和調度人員提供進行能力平衡的依據。

2. 在供應鏈管理方面，ERP 系統促進了企業供應鏈的集成

ERP 系統支持供應鏈管理，通過計算機和網路系統將核心企業與上下游合作夥伴企業的業務連接在一起。一方面，若核心企業為生產製造商，則其下游企業（分銷商、代理商、批發商、零售商以及最終客戶等）將為其帶來銷售市場和客戶需求的信息，並以此作為核心企業生產和經營的依據。另一方面，核心企業為了滿足客戶的訂單，在進行生產時需要外購原材料、輔料、零部件等，核心企業將這些物料需求計劃信息傳遞給上游供應市場的合作夥伴（企業的供應商），並接收供應商的供貨，從而形成供應鏈系統的集成。

3. 在庫存管理方面，ERP 系統實現了庫存信息的動態化管理

一方面，ERP 系統徹底改變了以往以手工方式記錄庫存臺帳的狀態，建立了包括原材料、輔料、零部件、產品、半成品等企業所有物料電子化的庫存臺帳，為管理人員提供了快速而準確的庫存查詢功能。企業管理人員可以隨時查詢到最新的庫存動態數據，充分挖掘企業庫存的潛力，減少重複投產和採購，使庫存物料得到充分利用。另一方面，ERP 系統提供了多種庫存分析功能，使企業的庫存信息更加及時和動態化，庫存狀態更加透明化。例如，ERP 系統中的高低儲報警在庫存超過最高控制水平或低於安全庫存水平時都可以發出預警信號，提醒管理人員進行處理，將庫存維持在一個合理的水平；又如庫存的積壓和有效期分析可以監督庫存物資是否超過保存的有效期，通知庫存管理人員及時進行處理以免造成庫存物資的損失。

4. 在財務管理方面，ERP 系統對資金提供了有效的監控

ERP 系統對企業的物流和資金流進行了有效的集成控制，使物流的每一個活

動都能及時地反應為資金的變化。例如，採購部門從供應商處購買的物料到貨以後，ERP系統會自動生成應付帳款信息，並與財務總帳相關聯；銷售部門將產品賣給客戶以後，ERP系統就會根據發票信息自動生成相應的應收帳款信息，並與財務總帳相關聯。同樣，固定資產、庫存動態、員工薪酬、生產成本等的變化也都能及時反應在財務總帳中，便於監督各部門資金的使用情況，並在超限額花費時給予報警。

此外，ERP系統還設置了完善的成本核算和成本分析功能，針對不同的生產類型提供了不同的成本要素設置和核算的方法。ERP系統可隨時採集和記錄企業生產的每種產品在製造過程中發生的各種製造費用（材料費、人工費、其他製造費用），並計算出各種產品（或半成品）的實際成本。ERP系統還可以將實際成本與標準成本、同期成本、計劃成本等進行對比分析，找出本期實際成本變動的原因，以便進行有效控製。

5. 在組織管理方面，ERP系統的實施是對企業管理模式的創新

ERP系統是對企業原有管理模式和業務流程的一次改造和創新，在ERP系統實施的過程中，必須以ERP提供的流程為模板，對企業基於傳統手工管理的現有業務流程進行重組；對現行的組織機構以及職能的設置進行必要的調整；重新制定與ERP新管理模式相適應的管理規章製度、績效考核製度和激勵機制；全面整頓和補充各項管理基礎數據，如各項定額、期量標準等，為ERP系統的成功運行打下良好的基礎。

第二篇　基礎篇

3 企業戰略管理方法

企業的戰略對企業長足發展起到至關重要的作用，PEST 宏觀環境分析、SWOT 分析、波特五力模型等都是戰略制定的經典方法。在 ERP 沙盤模擬實訓中，可以根據已有資料對模擬企業的宏觀環境進行分析，並利用戰略制定工具，剖析模擬企業的 SWOT，從而確定未來的戰略目標和戰略實現途徑。

3.1 PEST 宏觀環境分析方法

對企業戰略的制定起到基礎性作用的就是企業的外部環境分析，它們不僅可以改變企業生存和發展的條件，而且會對企業的發展產生直接的影響。經典的企業外部宏觀環境分析是識別和評價影響企業發展的政治法律、經濟、社會和技術因素，即所謂的 PEST 法。在 ERP 沙盤模擬實訓中，應著重分析模擬企業面對的國際國內外部環境。

3.1.1 政治-法律影響因素

政治-法律因素是指對企業經營活動具有現實與潛在作用和影響的政治力量，以及政府部門為對企業經營活動加以調控或限制而制定的法律、法規和製度等。一般而言，政治與法律因素涉及社會製度、政治結構、政府的政策和傾向、政治團體和政治形勢、國家或相關執法單位制定的法律規定等。比如美國 1979 年航空業產業管制的解除引發了航空業激烈的價格戰。而在中國，新飛、吉利等一些公司由於政府對採購 LED 節能燈的提倡，這些公司獲得了較好發展。新能源汽車也因政府補貼和稅務減免等而獲得了扶持和發展。再比如政府的稅收政策會影響企業的財務結構，國家確定的重點行業政策也促使企業積極地加入該行業。即使在市場經濟較為發達的國家，政治與法律因素一樣會影響企業的發展，比如最低工資限制、勞動保護、社會福利、反托拉斯法等。在 ERP 沙盤模擬實訓中，模擬企業所面對的政治-法律環境影響因素較少，政治環境相對穩定。

3.1.2 經濟影響因素

宏觀經濟力量不僅影響國家整體經濟的發展，也會影響企業和產業獲得足夠回報率的能力。經濟影響因素主要包括經濟發展速度、人均國內生產總值、消費水平和趨勢、金融狀況、經濟運行狀況、關稅相關措施、國際支付方式等，其中

經濟增長率、貨幣匯率、利率以及通貨膨脹率這四個因素尤其重要。在分析經濟因素時，首先要考慮宏觀經濟的總體狀況，從該國經濟的總量水平、經濟增長速度、經濟發展平穩狀況等方面著手進行分析。經濟總量比較大（相對於其人口數量而言），發展速度比較快，經濟波動比較小，則宏觀經濟的總體狀況比較好，這時市場擴大，需求增加，企業發展機會增多；而反之，當宏觀經濟處於低速或停滯，甚至倒退時，則市場需求增長減小，企業發展機會也減少。

利率水平不僅能決定企業的成本，也能決定企業產品的需求量，比如房地產和汽車行業，利率降低會促進其銷售額的提升。利率越低，企業的資本成本也就越低，企業將獲得更多的投資，但也必須考慮市場的持久需求，否則投資難以收回。

貨幣匯率反應了不同國家貨幣之間的價值，其變動影響企業產品在全球市場上的競爭。比如美元貶值，在美國生產的產品將變得更便宜，減少了國外競爭者的威脅。

高通貨膨脹對企業來講是一個威脅，物價上漲導致經濟增長放緩，企業無法預測未來，不確定性提高。而通貨緊縮將影響負債率較高的公司，其現金流的運行將受到很大的影響。

宏觀經濟因素將影響企業的投資決策、銷售決策以及人力資源決策等，企業在制定戰略目標和戰略選擇時必須綜合考慮影響企業發展的各類宏觀經濟因素。在 ERP 沙盤模擬實訓中，模擬企業所面對的經濟環境相對穩定，金融環境較為理想，企業所面對的整個經濟狀況發展良好，人均消費水平逐步提高，行業將迅速發展。

3.1.3　社會文化影響因素

社會因素包括社會文化、社會習俗、社會道德觀念、社會公眾的價值觀、人們對待工作的態度以及人口特徵等。核心是消費者需求偏好的變化分析與預測。變化中的社會因素影響社會對企業產品或勞務的需求，也能改變企業的戰略選擇。

人們的價值觀、思想、態度、社會行為強烈地影響人們的購買決策、相關政策和企業條規的制定以及管理方式的變革。比如，近幾年，人們對健康和生活方式的重新認識導致企業不得不考慮相應的工作安排和休假製度以及各類保險事宜。許多國際企業進入中國市場後推行「本土化」策略也是基於文化和價值觀的考慮，比如肯德基推出的中國傳統蛋花湯和榨菜肉絲湯等。

社會環境中需要考慮的一個特殊因素就是人口統計特徵，它包括人口總數量及分布、年齡結構、民族構成、宗教信仰、家庭壽命週期、家庭規模、受教育程度、職業構成、收入水平等。針對中國人口老齡化問題，政府制定了相應的二胎政策，試圖解決未來勞動力和消費力的不足，而一些企業則看到了市場機會，產生了各類老齡服務機構和相應的服務產品。在 ERP 沙盤模擬實訓中，模擬企業面臨著人們生活水平逐步提高，對高質量和高技術的產品有新的需求的狀況。

3.1.4 技術影響因素

企業所處環境中的科技要素以及與該要素相關的各種現象都是影響企業發展的科學技術力量。其主要包括引起時代革命性變革的發明創造以及新技術、新工藝、新材料等，同時還涉及國家的科技體制、科技水平和科技發展趨勢等。技術變化既具有創造性也具有破壞性，它給企業帶來機會，也給企業帶來挑戰，甚至破壞，它還能影響產業進入壁壘的高度，從而從根本上重塑產業結構。比如，因特網降低了新聞產業的進入壁壘，為了獲取更多的廣告，一些新聞發行商必須依託因特網獲得新的發展。

新技術的出現使企業可以開闢新的市場，獲得壟斷的利潤，同時新工藝、新材料、新技術的出現，使相關企業的成本也大大降低。

技術的進步必定會對一些產業和企業構成威脅，比如塑料行業對鋼鐵行業的威脅，許多鋼鐵產品可以用塑料產品替代。競爭對手的技術提高了，勢必使企業的競爭力削弱，甚至最終退出該行業。

因此，技術革命是一個永恆的話題，企業須認真分析自身的技術水平、行業的技術水平，認清競爭對手的技術水平，從而制定出適宜的發展戰略。

3.2 SWOT 分析法

SWOT 分析方法是戰略管理中一個非常重要的分析工具，是企業根據自身的內外部環境而確定企業的優勢和劣勢，以及機會和威脅的一種分析方法。SWOT 四個英文字母分別代表：優勢（Strengths）、劣勢（Weaknesses）、機會（Opportunities）、威脅（Threats）。其中，S 和 W 為內部因素，O 和 T 為外部因素。在 ERP 沙盤模擬實訓中，模擬企業可以進行內外環境分析而指出企業的 SWOT。

3.2.1 SWOT 內容

首先是優勢（S），它是指能夠為企業帶來競爭力的各個方面。企業在審視了自己的內部環境，分析了各種無形和有形資源之後，從企業的文化、技術、管理能力、專利、地理位置、品牌、形象、人力資源等方面去思考自己所擅長的方面，找出優勢條件，從而尋求到超越競爭對手的能力。在沙盤模擬實訓中，模擬企業是一家製造企業，具備生產製造方面的優勢，生產狀態良好，其一直關注某行業 P 系列產品（P1、P2、P3、P4）的生產與經營，有 P1 產品的生產經驗，P1 產品在本地市場知名度很高，客戶也很滿意。

其次是劣勢（W），企業在對各種資源條件進行分析之後，找出自身不具備或不擅長的方面，其導致企業競爭力的落後，這些就是企業的劣勢。模擬企業還不具備 P2、P3、P4 產品的生產條件和市場條件，無論從技術和生產條件上還是市場開發上都存在劣勢。

再次是機會（O），外部環境的變化為企業帶來新的發展，吸引企業走向新的

領域和新的發展方向，這些便是企業的機會。根據自身的條件，企業審視各種政策規定，新技術、新產業、新市場的出現等都將給企業帶來新的發展。在 ERP 沙盤模擬實訓中，模擬企業面臨著新的市場機會和技術機會，除了本地市場，還可以在區域、國內和國際尋求新的機會。

最後是威脅（T），外部環境能為企業帶來機會，也能為其帶來各種挑戰和威脅。比如，競爭對手的壯大、經濟的衰退、消費水平的降低、政策的限制、整個行業的衰退等，這些不利條件將影響企業的競爭能力。

SWOT 分析的具體內容如表 3-1 所示：

表 3-1　　　　　　　　　　SWOT 分析要素①

內部環境因素		外部環境因素	
潛在內部優勢（S）	潛在內部劣勢（W）	潛在外部機會（O）	潛在外部威脅（T）
產權、競爭、成本優勢	競爭劣勢	縱向一體化	市場增長較慢
特殊能力	設備老化	市場增長迅速	競爭壓力增大
產品創新	產品線太窄	可以增加互補產品	不利的政府政策
規模經濟性	技術開發水平滯後	能爭取到新的用戶群	新的競爭者進入行業
良好的財務資源	營銷水平低於競爭者	進入新市場的可能	替代產品銷售額上升
高素質的管理人員	管理不善	有能力進入更好的企業集團	用戶討價還價能力增強
公認的行業領先者	不明原因的利潤率下降	擴展產品線滿足用戶需求	用戶需要與愛好轉變
買方的良好印象	資金拮據		通貨膨脹遞增
適應力強的經營戰略	成本過高		

3.2.2　SWOT 分析的基本思路

在對企業進行 SWOT 分析時，需要考慮以下一些步驟：

（1）進行內部環境分析，列出企業目前具有的優勢和劣勢。

（2）進行外部環境分析，列出企業目前具有的機會和威脅。

（3）進行配對組合分析，繪製 SWOT 矩陣，形成依託環境的戰略設想，即將企業的優勢和劣勢與環境中的機會和威脅進行配對分析，即 SO、WO、ST、WT 四種匹配，最終形成基於內外環境分析的戰略設想。

（4）對 SO、WO、ST、WT 四種戰略進行評價，確定企業目前應該選擇的戰略和策略。

---

① 劉平. 企業戰略管理——規劃理論、流程、方法與實踐［M］. 北京：清華大學出版社，2010：159.

① SO 戰略（優勢-機會組合）

這是一種比較理想的模式，企業應該發揮優勢，抓住機會。外界環境所提供的條件良好，且該條件又剛好能和企業自身的優勢相結合，那麼企業無疑只有抓住機會和發揮優勢。比如利用政策的優惠，做好品牌的建設。再比如，當市場份額逐漸升高，而競爭對手又出現了財務危機時，企業可以考慮兼併競爭對手，以擴大生產規模。在 ERP 沙盤模擬實訓中，企業可以將自身所具備的生產技術優勢和在該行業長期運作的經驗與外部存在的機會相結合，開發出新的產品和技術。

② WO 戰略（劣勢-機會組合）

當外部環境中存在某種機會時，企業則試圖通過抓住機會，改變自身的缺陷或不足，從而帶來新的發展。如若不採取任何措施，企業也許會因為錯失機會而失去一次發展的時機。比如當某種業務持續增長時，企業則可以抓緊時機，通過戰略轉型，比如購買新設備、新技術、引進新人才、併購企業等方法來彌補自身的不足，從而提升競爭地位。在 ERP 沙盤模擬實訓中，模擬企業可以利用此次外部環境所存在的機會來改變自身的缺陷或不足，從而帶來新的發展，若不進行新的嘗試，將失去機會，P1 產品將無法滿足市場新的需求，其市場佔有率有可能會逐步降低，企業將隨著 P1 產品的衰退而陷入困境。

③ ST 戰略（優勢-威脅組合）

該組合狀況下，企業應利用自身優勢來減輕或躲避外部環境中存在的威脅。比如當競爭對手因為新材料的應用而降低了生產成本，威脅了企業的競爭地位時，企業可以利用自身資金充足和人員開發能力強等優勢，通過開發新技術、新產品以及提高原有產品質量等方式來減少威脅。

④ WT 戰略（劣勢-威脅組合）

這是企業最不願意看到的情景，也是企業最應該避免的情景。當這種狀況產生時，企業只有採用防禦性戰略。比如企業自身資金不足，產品也因多年未更新而市場份額逐年下降，企業則只有緊縮或放棄該項產品，並通過目標聚集或差異化戰略尋求新的發展方向，使有限的資金發揮出最大的作用。

3.3　五力模型分析方法

1979 年美國著名管理學家邁克爾·波特（Michael Porter）提出了用於行業結構分析的五種力量模型，該模型對企業戰略的制定產生著全球性的深遠影響。構成行業基本結構的五大競爭力量分別是：供應商的討價還價能力、購買者的討價還價能力、潛在競爭者的進入能力、替代品的替代能力、行業內競爭者的現有競爭能力。正是這些力量的狀況和綜合程度影響和決定了企業在行業中的最終獲利能力。在 ERP 沙盤模擬實訓中，模擬企業可以試圖利用五力模型（圖 3-1）來分析 P 行業的競爭情況。

```
                    ┌──────────────────┐
                    │ 潛在競爭者的進入能力 │
                    └──────────────────┘
                             ↕
┌──────────────┐    ╱─────────────────╲    ┌──────────────┐
│供應商的討價還價能力│◄──►│行業內競爭者的現有競爭能力│◄──►│購買者的討價還價能力│
└──────────────┘    ╲─────────────────╱    └──────────────┘
                             ↕
                    ┌──────────────────┐
                    │  替代品的替代能力  │
                    └──────────────────┘
```

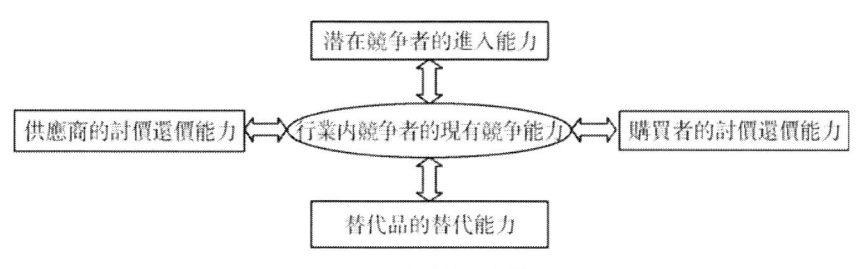

圖 3-1　波特的五力模型

3.3.1　供應商的討價還價能力

供應商的討價還價能力是指為本行業，包括企業及其競爭對手提供各種投入品，如原材料、服務和勞動力的組織或個人的議價能力。供應商的議價能力較強時，供應商通過提高投入品的購買價格，或降低其質量而導致行業內企業的生產成本提高、利潤下降，供應商從整個行業中分得更多利潤；反之，供應商的議價能力較弱時，那麼其所提供的投入品價格就會較低，並且有可能提高投入品的質量。供應商討價還價能力的大小取決於其與需求方實力及條件的較量。一般來說，滿足如下條件的供應商會具有比較強大的討價還價力量：

（1）供應商所提供的投入品沒有替代品，且集中度較高，購買者只有向其購買，以維持其正常的生產和經營。

（2）該行業內的企業並不是供應商的主要客戶，其不購買供應商的投入品並不會對供應商的經營和利潤造成較大的影響。

（3）供應商所提供的投入品差異性較強，購買者若放棄購買該供應商的產品，則轉換成本較高。

（4）供應商對購買者提供的投入品將極大程度地影響企業的產品質量或生產過程，在生產中需要供應商提供技術支持。

（5）供應商依賴自身的投入品完全可以進入行業生產與購買商一樣的產品而造成競爭壓力。

（6）供應商可以與企業的競爭對手實現前向一體化。

在 ERP 沙盤模擬實訓中，模擬企業的原材料供應市場比較穩定，價格也趨於穩定。

3.3.2　購買者的討價還價能力

購買者主要通過其壓價與要求提供較高的產品或服務質量的能力，來影響行業中現有企業的盈利能力。購買者可能是個人，即產品的終端用戶，也可能是其他公司。購買者壓低價格能力的高低影響企業的利潤獲得，具有較高討價還價能力的購買者可以榨取企業的利潤；相反，議價能力較低時，企業則可以提高產品價格或降低產品的質量和服務而獲取較高利潤。一般來說，滿足如下條件的購買者可能具有較強的討價還價力量：

（1）購買者的總數較少，而每個購買者的購買量較大，占了賣方銷售量的很大比例。

（2）購買者可以向更多企業購買其需要的產品，也即供應行業集中度不高，由很多規模較小的企業組成。

（3）購買者可以進入供應行業生產自己所需要的投入品，實現後向一體化。

（4）購買者可以通過較小的轉換成本購買替代品。

（5）買方能夠獲得供應方較多的生產成本信息。

（6）購買者可以與企業的競爭對手實現後向一體化。

在 ERP 沙盤模擬實訓中，模擬企業生產出來的產品都會被市場所接收，隨著人們對新技術和新產品的需求的逐步出現，P1 產品將面臨購買者較強的議價能力。若模擬企業今後開發出的新產品比較迎合消費者市場的需求，而競爭對手的競爭力還較弱時，購買者的議價能力則不高，企業新產品的銷售單價可能會較高。

3.3.3　潛在競爭者的進入能力

行業的發展總會吸引更多的企業加入，這些潛在進入者在給行業帶來新的生產能力和生產資源時，會與現有企業產生原材料、市場、人才的競爭，加劇行業內的競爭，給行業內現有的企業帶來競爭壓力，不僅會分割現有企業的利潤，甚至對現有企業的生存造成威脅。

潛在進入者要想進入該行業就會付出一定的代價。如若代價和成本比較高，則進入壁壘較高；若代價和成本較低，則進入壁壘較低。重要的進入壁壘包括規模經濟、產品差異化和品牌忠誠、資本需要、轉換成本、銷售渠道開拓、不受規模支配的成本優勢、政府行為與政策、自然資源（如冶金業對礦產的擁有）、地理環境（如造船廠只能建在海濱城市）等方面，這其中有些障礙是很難借助複製或仿造的方式來突破的。

（1）規模經濟。生產規模擴大將降低單位產品的成本。新進入者要麼以較小規模進入，但必須長期忍受成本過高的劣勢，要麼以比現有企業更大規模的方式進入，從而獲得低成本產品，但相對較困難。同時新進入者也應考慮到自己的加入可能會導致產品價格的下降，除非取代現有的企業，這在短時間內幾乎不可能。潛在進入者是否進入該行業也就不得不考慮規模經濟的問題，事實上不僅生產方面存在規模經濟，企業的每項職能，如採購、研發、營銷、服務網路、分銷等都存在規模經濟。

（2）產品差異化和品牌忠誠。該行業中原有企業因為各種原因，比如廣告、服務、產品質量、歷史等等，或僅僅因為先進入市場的種種活動而擁有一大批忠誠的顧客，並建立起了自己的品牌信譽。產品差異化形成的壁壘迫使潛在進入者不得不思考如何爭取更多的顧客，改變顧客的消費習慣，建立起自己在該行業中的信譽和品牌，無疑這將花去新進入者較長的時間和資本，常常是以前期的虧損為代價的。

（3）資本需要。進入該行業之前潛在進入者需準備大量的資金。生產設施、

營銷、研發、抵禦風險、財務支出等都需要資金，尤其是一些對資本需求很大的行業，比如計算機、採礦業等，這些行業始終是很難進入的行業。

（4）轉換成本。轉換成本是指顧客放棄行業中現有企業的產品而轉向購買新企業的產品所需要付出的時間、精力和金錢。顧客是否願意購買新產品取決於新產品給他帶來的價值與轉換成本的比較。當這個比較較高時，顧客將願意購買新產品，反之，顧客則不願意購買新產品。潛在進入者要想獲得更多的顧客必須提供更高價值的產品。

（5）銷售渠道開拓。現有企業已經與分銷商建立起良好的銷售合作關係，也即行業中正常的銷售渠道已經為現有企業服務。潛在進入者要想銷售出產品，讓分銷商接受其產品，勢必通過降低價格、分攤廣告費用等辦法讓經銷商接受自己的產品，其利潤則將受到影響。

（6）不受規模支配的成本優勢。現有企業的成本優勢不僅僅是大規模導致的，還有很多其他因素，使潛在進入者望塵莫及。這些因素包括專有的產品工藝、產供銷關係、政府給予的優惠措施、具有學習或經驗曲線、商業秘密、占據的有利位置等等。

（7）政府行為與政策。一些經濟學家認為政府的法律法規限制是一種最直接的進入障礙。政府通過頒布某項規定而限制潛在進入者進入該行業，這些行業多屬於公共服務和基礎設施之類，比如鐵路的修建等。除此之外，政府也可以通過許可證和限制接近原材料等辦法來阻礙新企業的進入。各種環境保護法也是一種阻礙手段。

（8）自然資源。行業內已有的企業已佔有該行業發展所必須需要的自然資源，則新進入者很難進入該行業。

（9）地理環境。新進入者很難複製出相同或相似的地理環境。若該行業已有企業在這方面擁有較大的優勢，則新進入者很難進入該行業。

3.3.4　替代品的替代能力

市場上可能會出現取代行業中現有產品功能或價值的其他產品，這稱之為替代品，替代品替代能力的高低將影響企業的競爭地位。隨著技術與需求的變化，替代品的種類越來越多。企業的產品被替代的可能小，差異化大，消費者轉換成本較高，則企業具有很強的競爭能力；反之，企業的市場份額則有可能會越來越小。這種源自於替代品的競爭會以各種形式影響行業中現有企業的競爭戰略。這種來自替代品生產者的競爭壓力的強度，可以具體通過考察替代品銷售增長率、替代品廠家生產能力與盈利擴張情況來加以描述。在 ERP 沙盤模擬實訓中，模擬企業的 P1 產品是比較成熟的產品，目前銷售比較樂觀，市場份額較大，但隨著新需求的出現，其仍有可能被其他產品所替代。

3.3.5　行業內競爭者的現有競爭能力

這是五種競爭力量中最強大的力量，通常情況下行業中的企業都會關注著競爭對手的各種戰略和經營情況，比如對方的研發、產供銷、廣告、財務、服務

等。一旦競爭對手因為某種時機覺得存在改善競爭地位的機會或感到競爭壓力越來越大的時候，其將會採取新的戰略和措施，原有的競爭格局就會被打破。其競爭性行為通常表現為降價、提高質量、增加特色、提供服務、延長保修期、增加廣告投入等，這些競爭性行為會對企業產生強大的影響，導致企業採取報復或相應的抵制行為。

當行業內存在著較多競爭者或大家的力量相當，行業的固定成本過高，行業內產品差異化不明顯，整個行業增長緩慢、生產能力過剩、退出壁壘高，行業進入障礙較低時，競爭參與者範圍廣泛，市場趨於成熟，用戶轉換成本很低，競爭者企圖採用降價等手段促銷，行業現有競爭者之間的競爭與抗衡將會更激烈。

行業中的每個企業都受到這五種競爭力量的影響，企業在制定戰略和經營方針時，特別是行業已經很成熟，從一個強勢的行業變成一個弱勢的行業時，必須審時度勢，綜合考慮這五大力量而使企業保持或增強競爭能力。

3.4 波士頓矩陣

波士頓諮詢集團（Boston Consulting Group）是世界著名的一流管理諮詢公司，於20世紀六七十年代創立並推廣了波士頓矩陣（見圖3-2），用以確定企業哪項業務有前途、資源應該投向哪裡，是評估公司投資組合的有效模式，其有利於多部門企業通過對企業不同戰略業務單元相對市場份額地位和產業增長速度的考察而管理其業務組合。波士頓矩陣通過分析營銷上的兩個指標銷售額和銷售增長率來判斷企業業務的經營狀況。在ERP沙盤模擬實訓中，模擬企業可以利用該矩陣，進行企業產品的戰略規劃，確定未來發展方向。

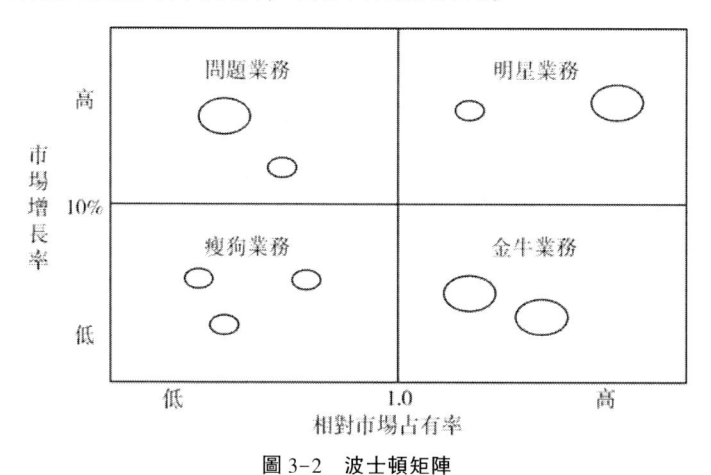

圖 3-2　波士頓矩陣

3.4.1　波士頓矩陣的基本參數

波士頓矩陣通過矩陣圖的方式描述了企業各個戰略業務單元的差異，矩陣的橫軸（X軸）表示相對市場佔有率，縱軸（Y軸）表示增長速度，即市場增

長率。

1. X 軸——相對市場佔有率

多部門企業經營著多項業務和產品，波士頓矩陣的 X 軸就是表示其中某項業務或產品的相對市場佔有率，也即該項業務或產品在其所在產業所擁有的市場份額與該產業最大的競爭對手擁有的市場份額的比值，其代表了企業該項業務的實力，計算方式如下：

相對市場佔有率＝企業某項業務本期銷售額／最強競爭對手該業務本期銷售額

相對市場佔有率不是百分比，而是倍數，之所以用銷售額這個指標，而不用市場佔有率指標，是因為直接用市場佔有率表示企業某項業務在同行業中的地位是不確切的。高度分散的行業和集中度較高的行業，同樣的市場佔有率數值卻具有不同的意義，比如15%的市場佔有率在高度分散的行業仍然是一個比較理想的數值。另外銷售額指標容易獲得，企業和競爭對手的銷售額指標往往是現成的，而要獲得利潤、市場佔有率等指標卻較為困難。在 ERP 沙盤模擬實訓中，模擬企業 P1 產品在本地市場的知名度較高，佔有相對較高的市場份額。

2. Y 軸——市場增長率

矩陣的 Y 軸表示的是市場增長率，代表的是企業該項業務的市場吸引力。企業應該統計和計算當期該業務或產品的總銷售額，再與上期的總銷售額進行比較，從而明確該項業務或產品是否是市場所需要的，吸引力有多大，如若持續增長，則產品深受市場歡迎，其未來發展值得投資，反之，則不然。市場增長率指標是百分比，計算方式如下：

$$市場增長率（當期）= \frac{當期總銷售額 - 上期總銷售額}{上期總銷售額} \times 100\%$$

在 ERP 沙盤模擬實訓中，P1 產品面臨新的市場需求挑戰，其未來增長率不容樂觀，消費者需要更高技術水平的產品。

波士頓矩陣中的圓圈代表一種業務或產品。圓圈面積表示各業務或產品銷售額的大小。

3.4.2 波士頓矩陣各象限內容及戰略選擇

1. 第一象限明星業務（Stars）

這個象限的業務是吸引力最強的業務，其高市場增長率和高相對市場份額決定了其在企業所有業務中地位最高，是能夠長期增長和獲利的業務，所以被稱為「明星」業務。該業務不僅有很好的現金收入，而且發展前景非常好，但企業仍然需要投入大量的資金以維持和加強其在市場上的優勢地位。企業的戰略思考不是放棄和發展的問題，而是如何發展，比如是否考慮一體化、市場開發、滲透和合資經營等。在 ERP 沙盤模擬實訓中，模擬企業需要尋求新的產品作為未來的明星產品，以求企業長遠發展。

2. 第二象限問題業務（Question Marks）

位於第二象限的問題業務擁有高市場增長率和低相對市場佔有率。處於該象限的業務具有高吸引力，但市場份額卻相對較低，對企業的現金貢獻不理想，但

卻需要大量的現金用於其今後的發展。之所以叫作「問題」業務，是因為企業必須選擇到底是放棄該項業務還是加強發展，做此戰略選擇相對較難。

3. 第三象限瘦狗業務（Dogs）

低增長率和低相對市場份額是「瘦狗」業務的特徵，它們對於市場來說沒有吸引力，而且在行業中毫無地位，企業往往是只維持其正常運轉。企業面對的戰略選擇是繼續維持還是放棄、轉讓、退出、剝離。在進行資產和成本剝離後，許多瘦狗業務也許會獲得新的發展機會。當然在沒有任何轉機的情況下，企業的正常選擇應該是收縮或放棄，若對其投資，則將是一個資金的「無底洞」。

4. 第四象限金牛業務（Cash Cows）

金牛業務處於市場增長率較低的行業，但企業的該項業務在整個行業中卻具有較高的相對市場份額，所以它能為企業帶來大量的現金，是企業資金的主要來源。因此企業能從金牛業務中獲取大量的現金，其現金收入遠超於對其的投入。一般來說，金牛業務是由公司的明星業務轉化而來的，要保持該項業務在市場中的高份額，企業在制定戰略時需要考慮更有效的管理和一些多元化辦法，但如若其市場份額有下降趨勢，並很嚴重時，企業就應考慮收縮戰略了。在 ERP 沙盤模擬實訓中，模擬企業的 P1 產品是企業的主要銷售收入的來源，它能為企業帶來大量的現金，企業可以利用自身已經具有的成熟的 P1 產品生產條件來獲取大量現金，以支持未來新技術、新產品和新市場的開發。

4 企業生產管理方法

企業的生產管理是對企業生產活動的管理，它關係到企業是否能為市場提供合乎需求的產品，是否能保持和增強企業的競爭能力。本章主要涉及與 ERP 實訓有關的生產管理內容。

4.1 生產與生產計劃管理

4.1.1 生產管理理論

生產管理是對企業生產活動進行設計、組織、運行和控制的總稱。企業的生產活動是在計劃期內，投入生產過程中需要的各種要素，形成有機的生產體系，按照最經濟的方式生產出滿足市場需求的產品。生產運作管理以高效、低耗、適應市場變化、對環境無污染、按期交貨為目的。

生產管理的內容主要包括：

（1）生產運作戰略的制定。企業應該考慮生產什麼、如何生產、生產要素來源、生產方式等。企業在制定生產戰略時應該考慮企業的整體經營目標和企業的能力、市場需求等因素。綜合考慮各種因素後確定企業生產運作的總體戰略，是自製還是購買產品，是在哪個階段自製或購買？是小批量多品種生產，還是大批量少品種生產？產品的品種、質量、服務應該怎樣？為市場提供的產品和服務應該是什麼，如何設計？如何生產？原材料如何確定？

（2）生產運作系統的設計。它涉及選擇什麼生產技術、生產能力如何規劃、工藝流程如何設計等。

（3）生產運作系統的運行決策。生產計劃、作業計劃、生產控製、物料採購、供應與庫存管理都屬於這部分內容。

（4）生產運作系統的評價與改進。根據計劃評價相關工作並進行改進和調整。具體而言，它涉及確定長期、中期、短期生產計劃，進行市場預測、需求管理，編制生產和能力計劃，庫存和成本控製，人員調配，作業調度，質量保證等內容。

在 ERP 沙盤模擬實訓中，模擬企業應根據戰略目標來制定企業的生產戰略，確定企業應該生產什麼、生產方式如何，並做好詳盡的生產管理計劃，確定未來的生產任務以及生產能力的規劃。

4.1.2 生產計劃

企業通過生產計劃確定生產什麼，什麼時候生產，在哪裡生產和如何生產。企業通過生產計劃可以實現對企業的生產能力和其他資源的合理和充分利用，保證企業按質、按量、按品種、按期地生產出產品。企業依據銷售計劃和生產能力制訂出生產計劃，使之成為物資供應計劃、設備管理計劃和生產作業計劃等的依據。

1. 生產計劃體系

（1）戰略層計劃

戰略層計劃一般由企業的高層制訂，內容廣泛，計劃期較長，屬於長期計劃，一般會對產品發展方向、生產發展規模、技術發展水平、資源獲取、新生產設備的建造做相應的安排。

（2）戰術層計劃

戰術層計劃屬於中期計劃，由企業的中層制訂，其主要任務是根據對市場需求的預測，對企業在計劃年度內的生產任務做出統籌安排。

（3）作業層計劃

作業層計劃屬於短期生產計劃，計劃內容比較詳細，由企業的基層制訂，會對產品的品種、生產數量、生產順序、生產地點、生產時間以及物料庫存控制方式等內容進行詳盡的安排。

2. 生產計劃指標體系

（1）產品品種指標

在競爭環境中，增加新產品或增加產品品種數已成為企業開拓市場、增強競爭力的主要手段。企業的生產計劃應該規定生產產品的品名、型號、規格和種類數，體現其在品種方面滿足社會需要的程度。在 ERP 沙盤模擬實訓中，模擬企業應該確定出在 P 行業的產品種類組合，是一直生產 P1 產品，還是進一步生產 P2、P3、P4 產品。

（2）產品質量指標

質量指標是指企業在計劃期內產品質量應達到的水平，可以分為產品品級指標和生產過程工作質量指標，常用合格品率、廢品率、返修率等指標來衡量。模擬企業產品質量的好壞決定其受市場歡迎的程度，企業應該考慮是否進行 ISO9000 和 ISO14000 建設。ISO9000 的建設時間至少需要 2 年，ISO14000 的建設時間至少需要 3 年。隨著時間的推移，客戶的質量意識將不斷提高，後幾年可能會對企業是否通過 ISO9000 認證和 ISO14000 認證有更多的要求。

（3）產量和產值指標

產量指標是指在計劃期內企業應該生產的合格產品的實物數量，包括成品和半成品兩種產量，反應了企業的生產規模和生產能力。產量指標是企業進行供銷平衡、計算實際勞動生產率、產值、原材料消耗、成本和利潤等指標的基礎。

產值指標是使用貨幣表示的產量指標，能綜合反應企業生產經營的成果，以便與不同行業比較，是計算勞動生產率、資金利用率和生產發展速度等許多重要

指標的基礎，由商品產值、總產值和淨產值指標構成。商品產值是指企業在計劃期內出產的可供銷售的產品價值，其價值大小將影響流動資金的週轉。總產值是指企業在計劃期內完成的以貨幣計算的工業生產總量。淨產值是指總產值扣除外購物資消耗價值後的產值。在ERP沙盤模擬實訓中，模擬企業根據生產能力和訂單來確定產值指標。

（4）出產期

出產期是指企業產品按時生產出來的期限，保證按期交貨而確定的產品的出產期限。在ERP沙盤模擬實訓中，企業要嚴格地計算好產品的出產期以完成訂單的要求。

4.1.3　生產能力

生產能力是指企業在一定的時期（年、季、月）內按照先進合理的生產技術條件所能生產一定種類產品的最大數量。生產計劃的制訂除了考慮市場需求外還要考慮企業的生產能力大小。如果生產能力滿足不了任務要求，則可以擴大生產能力；相反，如果生產能力大於計劃任務的要求，則可以控製生產能力，以免造成浪費。

1. 生產能力分類

生產能力一般分為以下三種：

（1）設計能力

設計能力指企業在基本建設時，設計任務書和技術文件中所規定的生產能力。

（2）計劃能力

計劃能力指在計劃期內，企業考慮各種因素和條件，比如生產條件和能夠實現的各種措施後所能達到的生產能力。

（3）核定生產能力

核定生產能力是指原來的設計能力已不能反應實際情況，比如產品方向、固定資產、技術改造、勞動狀況等發生了改變而使原有的生產能力已不能反應實際生產情況時，重新調查核定的生產能力。

在ERP沙盤模擬實訓中，模擬企業目前擁有手工生產線三條，一條手工生產線的生產週期是3Q（3 Quarters），即3個季度。沒有在建工程，如果要擴大生產能力或提高生產效率，企業是否應該考慮更新生產線。

2. 生產能力影響因素

影響生產能力的因素主要有以下幾個方面：

（1）生產中的設備數量和生產面積

生產設備直接影響生產能力的大小，這裡的設備指用於生產的設備。如果設備處於運輸、檢修及停止生產的狀態，就不能計入生產能力。生產面積是指直接用於生產的房屋面積和場地。

（2）生產中設備效率

生產效率也能影響生產能力的大小，生產中單位平方面積和單臺設備在單位

時間內的產量定額反應了設備的生產效率。生產效率越高，生產能力越大。

(3) 勞動者科技水平和勞動技能的熟練程度

一般情況下，勞動者科技水平和勞動技能熟練程度越高，則生產能力越大。

(4) 企業經營管理水平

企業的生產能力與企業經營管理水平密切相關，企業管理的目的就是要通過對各生產要素的綜合利用而提高效率，產生好的效果，形成最大的生產能力。因此企業的經營管理水平對生產能力的影響是毋庸置疑的。

除以上要素外，企業的生產能力還和企業所能運用的物質資源的數量，包括原材料、能源，以及產品的品種、技術複雜程度、生產組織方式、固定資產工作時間等密切相關。

在 ERP 沙盤模擬實訓中，模擬企業應該根據已有的生產能力、各生產線的效率和未來的產品生產規劃來規劃未來的生產能力。

3. 生產能力的核算

生產能力核算的基本方法：

(1) 機器設備生產能力的計算

計算公式為：$M = F \times S / t$ 或 $M = F \times S \times P$

式中：M：某設備組生產能力；

F：計劃期單位設備的有效工作時間；

S：設備組內的設備數量；

t：製造單位產品所需設備的臺時數；

P：單位設備單位時間產量定額。

(2) 作業場地生產能力的計算

計算公式為：$M = F \times A / a \times t$

式中：M：某作業組生產能力（臺或件）；

F：單位作業面積的有效利用時間總數（小時）；

A：作業面積數量（平方米）；

t：製造單位產品所需時間（小時）；

a：製造單位產品所需生產面積（平方米/臺或件）。

生產單位（車間）能力的確定是按設備組的生產能力綜合平衡後確定的，在計算時要考慮生產單位中的主要設備組，以它的能力組為本單位的生產能力。企業的生產能力的計算以各生產單位的生產能力為基礎來確定，主要生產單位的生產能力為企業生產能力核算時主要考慮的對象。

4.2 MRP 物料需求計劃方法

4.2.1 MRP 基本原理

物料需求計劃（Materials Requirement Planning，MRP）是 20 世紀 60 年代發展起來的一種計劃物料需求量和需求時間的計算機信息系統。MRP 是基於 1965 年

國際商業機器公司（IBM）的約瑟夫·奧利佛博士根據物料需求不同分為獨立需求和相關需求的理論而發展起來的。

在運用 MRP 時應首先將物料需求分為獨立需求和相關需求。獨立需求是指對某項物料的需求與對其他物料的需求無關，例如對成品或維修件的需求就是獨立需求，比如自行車、電視機等成品。當對一項物料的需求與對其他物料項目或最終產品的需求有關時，稱為非獨立需求，即相關需求，比如生產自行車的車輪、把手、鋼絲等。

然後根據產品的出產計劃倒推出相關物料的需求量和需求時間。在 ERP 沙盤模擬實訓中，生產一個 P1 產品需要一個 R1 原料，生產一個 P2 產品需要一個 R1 和 R2，生產一個 P3 產品需要兩個 R2 和一個 R3，生產一個 P4 產品需要一個 R2、一個 R3 和兩個 R4。

最後根據物料的需求時間和生產（訂貨）週期來確定其開始生產（訂貨）的時間，實現將需要的物料按需要的數量和時間送到需要的地點。MRP 的主要功能及運算依據見表 4-1。

表 4-1　　　　　　　　　　MRP 的主要功能及運算依據

處理的問題	所需信息
生產什麼？生產多少？	切實可行的主生產計劃（MPS）
要用到什麼？	準確的物料清單（BOM 表）
已具備什麼？	準確的物料庫存數據
還缺什麼？何時需要？	MRP 的計算結果（生產作業計劃和採購供應計劃）

資料來源：馬士華，崔南方，周水銀，等. 生產運作管理［M］. 3 版. 北京：科學出版社，2015：154.

4.2.2　MRP 主要輸入信息

MRP 主要輸入信息包括主生產計劃、物料清單和庫存信息。

1. 主生產計劃（Master Production Schedule，MPS）

主生產計劃是 MRP 的主要輸入信息，它是指每一具體的最終產品在每一具體時間內生產數量的計劃。最終產品是企業最終出廠的產品，編寫主生產計劃時，不僅應確定最終產品在某一確定時間的具體數量，還應明確型號、品種等。而時間單位通常以週表示，也可以以小時、天、日、月、旬、季等為單位。其計劃應不短於最長的產品生產週期，還應比這時間長，從而提高計劃的預見性。近期的計劃可以編寫得很具體，稱為確定性計劃，而遠期的可以編寫得稍微粗略，稱為嘗試性計劃。

主生產計劃的編寫以合同和市場預測為根據，近期的確定性計劃確定的訂購合同往往是其根據，而遠期嘗試性計劃則是綜合考慮訂購合同和市場預測的結果。由此，主生產計劃根據合同和市場預測的數據，把經營計劃或生產大綱中的產品系列具體化，使之成為 MRP 的主要依據。在 ERP 沙盤模擬實訓中，模擬企業根據訂單來確定詳細的生產計劃，當然搶單的時候也要考慮企業已有的生產

能力。

主生產計劃的滾動期應以 MRP 的運行週期為依據，如果 MRP 的運行週期為一週，則主生產計劃的更新期也為一週。表 4-2 為主生產計劃示例。

表 4-2　　　　　　　　　　　　　主生產計劃

週次	1	2	3	4	5	6	7	8	9
產品 A（臺）					10			15	
產品 B（臺）				13			12		
產品 C（臺）	10	10	10	10	10	10	10	10	10

資料來源：陳榮秋，周水銀. 生產運作管理［M］. 北京：首都經濟貿易大學出版社，2013：143.

2. 物料清單（Bill of Material，BOM）

物料清單一般用樹形圖表示，它不僅表示了所有原材料、元件和組件的數量，還表示了它們之間的關係，以及制成最終成品所需原材料的先後順序。MRP 計算機系統可以精確地確定為了完成某一產成品需要什麼物品，數量是多少。圖 4-1 是物料清單樹形圖示例。

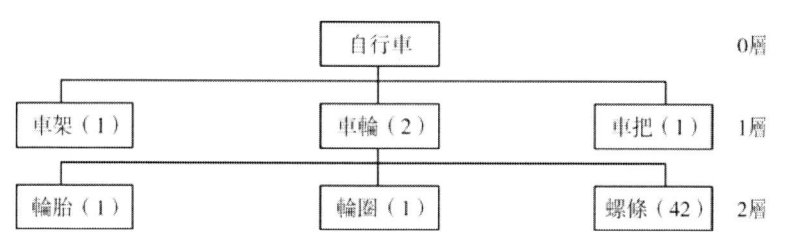

圖 4-1　自行車的物料清單樹形圖

企業編寫物料清單時，把產品與物料之間的關係用樹形圖表示出來，一目了然。在樹形圖中還可以表示每件物料需要的數量和加工週期及所處的層級，如圖 4-2 所示。在 ERP 沙盤模擬實訓中，不存在產品物料的加工週期，只是需要提前預定。

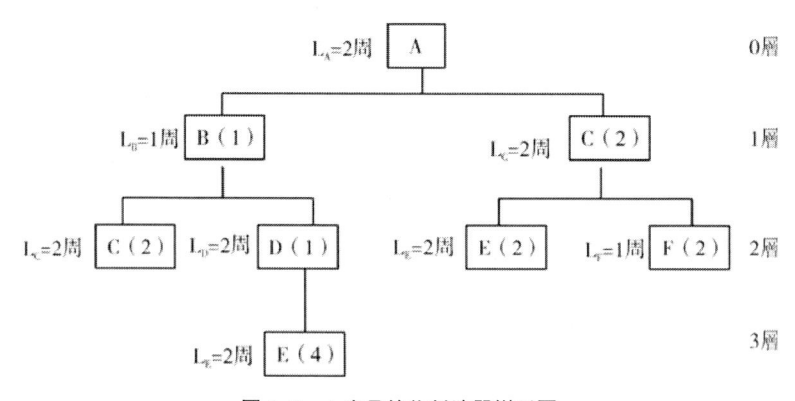

圖 4-2　A 產品的物料清單樹形圖

樹形圖的右側表明了物料所處的層級，各個組件處於不同的層級，每一層級表示製造最終產品的一個階段。圖4-2中，0層為最高層，代表最終產品A；1層代表組成最終產品的元件，為B、C；2層代表組成第1層的元件，包括C、D、E、F；3層為最低層，是元件E。在該圖中第2層和第3層都有元件E，這給相關需求計算帶來困難，一般採用最低層技術來解決。所謂低層碼，是指在所有產品結構樹形圖的所有層次中最低層的層次碼，在圖4-2中元件E的低層碼為3。計算機系統自動計算和維護低層碼。

圖中，L_v表示元件的加工、裝配或採購所花的時間，為提前期，常稱為加工週期、裝配週期和採購週期。圖4-2中第1層的B元件需要量是1，加工週期是1週。

3. 庫存信息

庫存信息用庫存狀態文件表示，產品結構文件一般是固定的，而庫存狀態文件則比較靈活，MRP每重新運行一次，其就變更一次。它表示的是每種物料的庫存狀態，即相關的數量信息、時間信息等。MRP系統關於物料訂購的類型、數量、時間都有詳細的記錄，見表4-3。在ERP沙盤模擬實訓中，模擬企業進行生產和預訂原材料時應根據已有的庫存狀態，在滿足生產的需要的條件下，原則上庫存越少越好。

表4-3　　　　　　　　　庫存狀態文件

元件 BL_B=1週	週次									
	1	2	3	4	5	6	7	8	9	10
總需要量					300			300		300
預計到貨量		400								
現有數 20	20	420	420	420	120	120	120	-180	-180	-480
淨需要量								180		300
計劃發出訂貨量							180		300	

總需要量由上層元件的計劃發出訂貨量來確定，表4-3中對B的需要量是第5、8、10週均為300。

預計到貨量是指相應時間段元件的到貨量，即入庫量，表4-3中，B的預計到貨量在第二週為400。

現有數是指元件在當前階段的庫存量。表4-3中B元件的現有數為20，第二週到貨400後，則庫存在第三週和第四週分別為420，在第五週用掉300，則變為120，到第八週需300的量，所以為-180。

淨需要量，當現有數和預計到貨量不能滿足總需要量時，就會產生淨需要量。第八週對B的需要量為180，第10週對B的需要量為300。

計劃發出訂貨量，根據淨需要量以及提前期安全庫存量、批量規則、損耗情況，確定元件需要在哪個時間段訂貨多少。B的提前期為一週，所以需要在第七週訂貨180，在第九週訂貨300。

4.2.3 MRP 的處理過程

1. 基本步驟

MRP 的處理過程包括各種輸入信息的處理，首先確定主生產計劃，確定好主生產計劃後，將其作為確認的訂單傳給 MRP，然後根據物料清單以及產品結構樹形圖，從第一層項目開始逐層處理各個物料的需求和訂購數據。即自頂向下，借用低層碼處理技術，先處理所有產品的最高層，即 0 層，再處理 1 層，直至最低層。各參數計算如下：

總需要量＝上一層元件（父項）計劃發出訂貨量×BOM 圖中的單位需求量

現有數＝前一時間段的現有數＋預計到貨量－總需要量－已分配量

淨需要量則根據現有數和總需要量等來確定。

計劃發出訂貨量，根據批量規則確定計劃發出訂貨數量，其應大於或等於淨需要量，還應考慮耗損。訂貨時間則應考慮元件的提前期而確定。在 ERP 沙盤模擬實訓中，企業根據產品需要的原料以及庫存來確定訂貨量。

2. 計算舉例

以圖 4-2 的產品結構圖為例，MRP 的處理過程及計算結果見表 4-4。根據處理過程逐層計算 A、B、C 的需求，C 的低層碼為 2。

表 4-4　　　　　　　　　　　MRP 的處理過程

產品項目	提前期	項目	週次										
			1	2	3	4	5	6	7	8	9	10	11
A（0層）	2 週	總需要量								10			15
		預計到貨量											
		現有數	0	0	0	0	0	0	0	-10	-10	-10	-25
		淨需要量								10			15
		計劃發出訂貨量						10			15		
B（1層）	1 週	總需要量								10			15
		預計到貨量	10										
		現有數（2）	12	12	12	12	12	2	2	2	-13		
		淨需要量									13		
		計劃發出訂貨量								13			
C（2層）	2 週	總需要量						20		26	30		
		預計到貨量		10									
		現有數（5）	5	15	15	15	15	-5	-5	-31	-61		
		淨需要量						5		26	30		
		計劃發出訂貨量				5		26	30				

在 MRP 處理過程中首先從頂層 0 層開始，表 4-4 中 A 產品在第六週的計劃發出訂貨量為 10，第九週為 15。然後處理 1 層，由產品樹形圖得知 1 個 A 產品包含 1 個 B 部件，因此 B 的需要量第六週為 10，第九週為 15，而 B 的提前期為一週，所以需要在第八週發出訂貨量 13。第 1 層處理完畢，然後處理第 2 層，1 個 A 產品包含 2 個 C，1 個 B 也包含 2 個 C，在第六週 A 的需要量為 10，第九週需要 15，所以 C 的需要量在第六週和第九週分別為 20 和 30，而 B 在第八週發出的訂貨量是 13，所以在第八週對 C 的總需要量為 26，由此計算出 B 的總需要量。最後再根據它的現有數和提前期而確定出 C 的計劃發出訂貨量。

4.2.4　MRP 的發展

1. 能力需求計劃（Capacity Requirements Planning，CRP）

當物料需求計劃做出來以後，應該考慮企業的生產和運作能力是否能滿足物料需求計劃的要求。所以 CRP 是對物料需求計劃所需能力的一種計劃管理方法。沒有 CRP 時，企業會根據 MRP 的計算結果對比企業的能力，人工判斷 MRP 的可行性，如若不可行，再人工調整 MRP，最終讓 MRP 符合企業的生產能力。

而 CRP 可以根據物料需求計劃的數據換算出生產出這些物料所要占用某一工作重心的負荷數，其與工作重心的能力相比較，形成能力需求計劃報表，其一般用柱狀圖或報表的形式表示，如圖 4-3 所示。

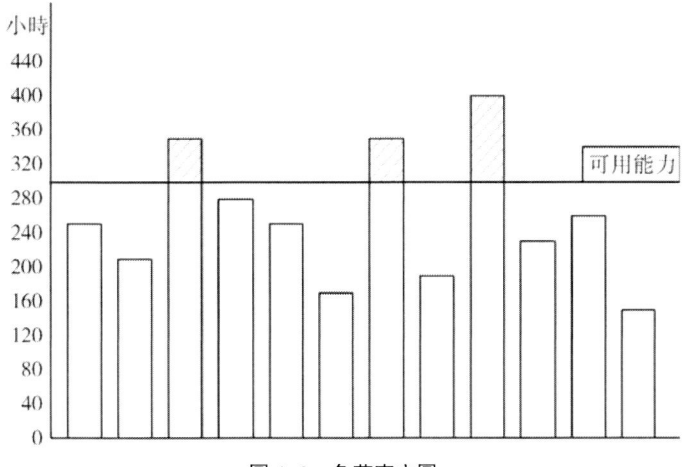

圖 4-3　負荷直方圖

資料來源：拓步 ERP 資訊網. ERP 系統的主生產計劃（MPS）[EB/OL]. (2012-04-16). http://www.toberp.com/html/consultation/108259128.html.

在 ERP 沙盤模擬實訓中，企業根據戰略規劃確定要開發的生產線，除了手工生產線外，還可以開發半自動、全自動和柔性生產線，其生產週期分別為 2Q、1Q、1Q，同時還需要一定的安裝週期，分別為 2Q、4Q、4Q。企業開發的生產線越多，生產能力越強，但開發成本也顯著上升。同時，如果搶訂的訂單不夠理想，會為企業造成很大的產成品庫存。所以，模擬企業在訂單的搶訂和生產線的開發上須綜合考慮各因素。

2. MRP Ⅱ

1977年9月美國著名的生產管理專家奧利佛‧懷特（Oliver Wight）提出製造資源計劃（Manufacturing Resources Planning，MRP），為了區別基本的 MRP 資源需求計劃，命名為 MRP Ⅱ。它不僅實現了對物料的控制，而且反應了物料投入與產出過程中資金流通的情況。因此，MRP Ⅱ 是將生產活動和財務活動結合在一起，通過物流與資金流的信息集成，形成一個集生產、營銷、採購和財務活動一體的經營管理信息系統。MRP 只能確定物料的需求，而 MRP Ⅱ 可以根據 MRP 的數據確定企業的成本以及採購預算，生產計劃中的很多內容都可以轉化為貨幣單位，從而使生產計劃與經營計劃保持一致。

MRPⅡ編制的計劃由上到下，由粗到細，從圖 4-4 可以看出經營計劃是 MRP Ⅱ 的起始點。

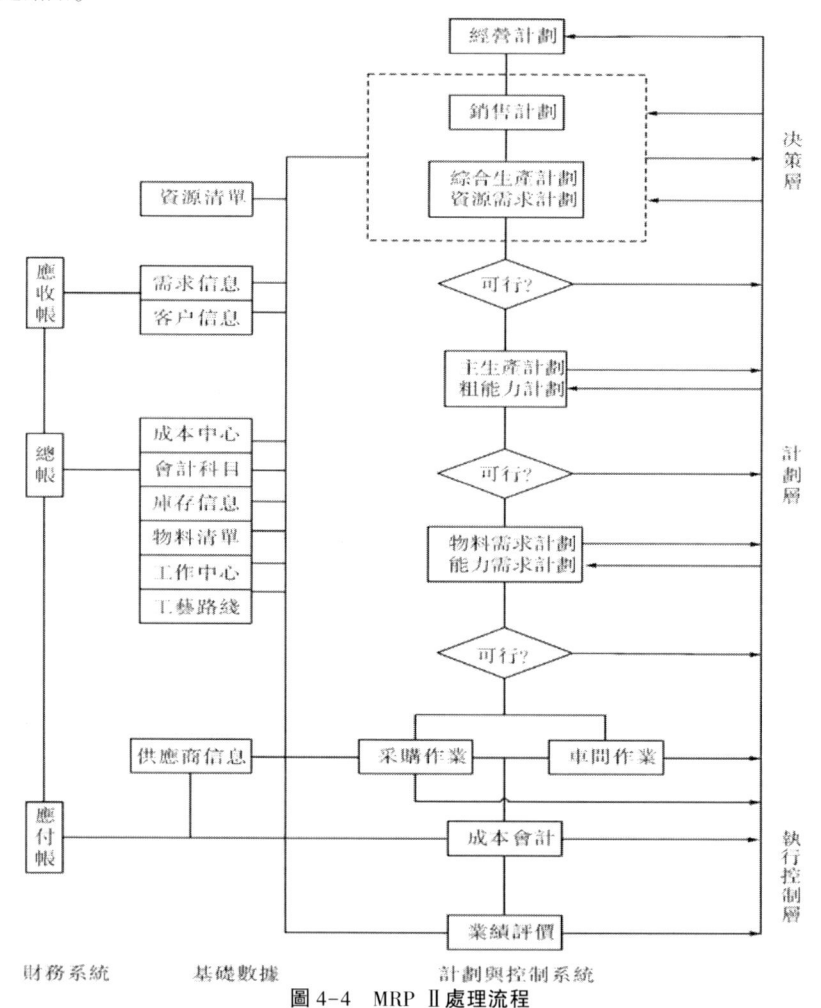

圖 4-4 MRP Ⅱ 處理流程

資料來源：Edward. ERP 的發展及展望［EB/OL］.（2010-11-10）. http://blog.sina.com.cn/s/blog_6e4622f30100mi9e.html.

它的整個處理過程如下：

（1）首先通過經營計劃確定企業的產值和利潤目標，經營計劃一般只列出要生產的產品大類和總噸位數。

（2）要實現一定的產值和利潤目標，就要按市場的需求確定銷售計劃。

（3）結合應收帳、銷售計劃、生產條件確定生產計劃，以產品族為對象，明確生產什麼、生產多少，進行粗略能力平衡。按現有的生產能力和條件，若不能滿足經營計劃的要求，則將信息反饋到經營計劃，並做出相應調整。

（4）確定主生產計劃。根據主生產計劃，以具體產品為對象，規定每種具體產品的出產時間和數量，並考慮生產能力，如若與生產能力不能平衡，則反饋到生產計劃中，做出相應調整。

（5）確定自製件生產計劃和外購件的採購計劃。MRP 根據產品的物料清單和物料庫存信息將產品分解，形成車間生產和物料採購的依據，即自製件的生產計劃和外購件的採購計劃。根據 MRP 的數據，可以確定車間的生產任務、零部件生產的完工期限和數量，車間控製和作業計劃的標準。

4.3　庫存與採購管理

為了達到既定的目標，企業應對物流的全過程進行計劃、組織、協調與控製，從而實現供應鏈的整體最優管理目標，即努力地實現物流增值性服務，同時努力地削減物流成本。下面將介紹兩個與此相關的主要內容。

4.3.1　庫存管理

庫存管理就是對庫存商品的管理，企業通過對庫存商品的入庫、出庫、移動和盤點等操作進行全面的控製和管理，使企業在保證生產所用的情況下降低庫存、減少資金成本、提高服務水平。

1. 單週期需求庫存管理

單週期需求也叫一次性訂貨，很少重複訂貨，這種需求是偶發的或物品生命週期短。因為很少重複訂貨，所以就沒有訂貨時間決策問題，以費用作為主要考慮內容。

單週期庫存通常採用邊際分析法解決，假設增加一個產品訂貨就能使期望收益大於期望成本，那麼就應在原來訂貨量的基礎上追加一個產品的訂貨。

$$P(D) \cdot C_U > [1-P(D)] \cdot C_0$$

式中：C_0：單位產品超儲成本，進貨但沒有賣出去的損失；

C_U：單位產品缺貨成本；

D：預計要訂貨的數量；

$P(D)$：需求量大於或等於 D 的概率，是累計概率。

$$P^*(D) \cdot C_U = [1-P(D)] \cdot C_0$$

此時，$P^*(D)$ 為臨界概率，即既不缺貨也不超儲的 $P(D)$，結合需求概率分布表，就可求出最佳訂貨批量。

2. 獨立需求庫存管理

（1）定量訂貨管理法

連續不斷地觀測庫存餘量的變化，當庫存量下降到最低庫存 R 時就馬上進行訂購。該訂購的貨物將在提前期 L 期末收到。在 ERP 沙盤模擬實訓中，模擬企業在進行生產時需不斷關注物料庫存量的變化，同時結合生產所需來確定物料的訂購量和訂購時間。

① 訂貨點的確定

訂貨點 R 的確定既不能太高也不能太低，它和需求量以及訂貨提前期 L 這兩個要素有關。當需求固定以及訂貨提前期不變時，R 的值由下式決定：

$$R = \frac{L \cdot D}{365}$$

式中：D：每年的需要量。

當需要發生變動或訂貨到貨之間的時間是變動的，則訂貨點 R 由下式決定：

$$R = ED(L) + I_s = d \cdot L + ZS_0\sqrt{L}$$

式中：$ED(L)$：提前期 L 內的平均需求量；

d：每日需求量；

Z：安全系數；

S_0：需求變動值；

I_s：安全庫存量；

L：最大補貨提前期時間。

② 訂貨量的確定

在需求和訂貨提前期等條件的約束下，總庫存成本最小的經濟批量（EOQ）為每次訂貨時的訂貨數量，以這種方式來求訂貨量為經濟批量模型，即物料一次全部入庫，陸續耗用的情況下，使總庫存成本最小的經濟批量為每次訂貨時的訂貨數量。在確定訂貨量時還得考慮一種情況，那就是物料不能一次全部入庫，而是陸續入庫，再陸續耗用，此時訂貨量的計算還要考慮每日送貨量和每日耗用量兩個指標的影響。

（2）定期訂貨管理法

每隔一個固定的間隔週期發出訂貨，每次訂貨沒有固定的批量，而是將現有庫存補充到目標庫存量。定期訂貨量的計算受最高庫存量、現有庫存量、訂貨未到量、顧客延遲購買量的影響。

訂貨週期一般應該綜合考慮企業的生產週期和供應週期，並可參考月、季、年等自然日曆來定。

3. ABC 分類法

把企業的庫存物資分為三類：一類是 A 類，數量占庫存物資總數的 10%，金額占庫存總金額的 70% 左右；二類是 B 類，數量占庫存物資總數的 20%，金額占 20% 左右；三類是 C 類，數量占庫存物資總數的 70%，金額占 10% 左右。對於 A 類物品應盡可能地嚴加控製，並要求最準確的、完整的、詳細的記錄，頻繁的實

時的更新，準確的訂貨量計算，MRP 數據與訂貨點都要求準確，以高優先級來壓縮其提前期與庫存。對於 B 類物品則應進行正常控製，正常記錄，僅在關鍵時刻給以高優先級，當每季度或要發生主要變化時確定一次 EOQ 與訂貨點，MRP 的輸出按常規處理。對於 C 類物品則盡可能簡便地控製，定期檢查，簡化記錄，大庫存量與訂貨量，給以最低的優先級，不要求做 EOQ 或訂貨點計算，訂貨往往不用 MRP。

4.3.2 採購管理

1. 採購數量的確定

根據企業的 MRP 確定採購數量，生產計劃、物料清單和庫存存量管理是決定採購數量的主要依據。

物料中心具體的採購數量可根據具體情況採用不同的確定方法。價格低廉的物料、臨時需要的物料或非直接用於生產用途的物料，可以根據訂購點來決定採購時點。而對於價格比較高的物料則可以採取定期訂購法。既然是定期，就必須對未來的需求量做出一個正確的評估。

2. 採購計劃的編制

採購計劃的編制有利於保證企業有足夠而不多餘的物料以供生產使用，因此採購計劃是維持正常的產銷活動的關鍵。與營銷計劃和資金調度配合的採購計劃制訂後，企業生產活動需要的物料就能得到保證，並且不多餘，物料的週轉期和採購的時機也很容易把握。

根據生產計劃、物料清單、物料存量等情況來確定採購的時間、採購的數量、採購的地點、採購的品種、採購的人員等，制訂出詳盡的採購計劃。

5 企業營銷管理方法

企業的生存和發展以研究市場和佔有市場為前提，市場營銷知識是管理者和企業家知識結構中必不可少的組成部分。營銷管理過程是指企業通過滿足客戶需求從而實現企業經營目標的商業活動過程，包括分析市場環境、選擇目標市場、設計營銷組合、營銷活動控製等內容。本章將著重探討與ERP沙盤模擬實訓相關的內容。

5.1 市場機會分析

5.1.1 發現和評價市場機會

發現和評價市場機會是指發現潛在的市場，尋求企業市場機會，並評價發現的市場機會。在現實中必須經過周密的市場調查，知曉客戶群是誰、市場容量、顧客心理和購買力、市場環境情況、未來經濟發展走勢等。發現和評價市場機會包括市場營銷環境分析和消費者市場購買行為分析等。通過營銷環境和消費者市場購買行為的分析來尋求企業新的市場機會。

1. 市場營銷環境分析

市場營銷環境是指影響企業市場營銷活動及其目標實現的各種因素和動向，泛指一切影響、制約企業營銷活動的最普遍的因素，即造成環境威脅和市場機會的主要力量和因素。它可分為宏觀環境、微觀環境、內部環境。對環境的研究是企業營銷活動管理的最基本的課題。

（1）宏觀環境

宏觀環境又稱間接營銷環境，指影響企業營銷活動的社會性力量和因素，是企業無法直接控製的因素，是通過影響微觀環境來影響企業營銷能力和效率的一系列巨大的社會力量，包括人口環境、經濟環境、政治環境、法律環境、技術環境、社會文化和自然環境等。

（2）微觀環境

微觀環境又稱直接營銷環境（作業環境），指與企業緊密相連，直接影響企業營銷能力的各種參與者，即影響其營銷能力和效率的各種力量和因素的總和，包括企業本身、市場營銷渠道企業（供應者、中間商）、消費者、競爭者及社會公眾。

（3）內部環境

內部環境是指企業內部對企業營銷能力和效率有影響的各種因素和力量，包括營銷能力、財務能力、生產能力及組織能力等。通過分析企業內部環境而明確企業存在的優劣勢，從而確定企業自身具備的條件與環境的適應程度。

2. 消費者市場購買行為分析

消費者市場購買行為是指人們為滿足其個人或家庭生活需要和慾望而尋找、選擇、購買、使用、評價及處置產品、服務時介入的過程活動。消費者市場購買行為是複雜的，其購買行為的產生受到其內在因素和外在因素的交互影響，即主觀心理活動和客觀物質活動兩個方面。企業營銷通過對消費者市場購買行為的分析，瞭解其特點，從而制定有效的營銷策略，實現企業營銷目標。成功的市場營銷者能夠提供有價值的產品，運用有效的方法將產品呈現給消費者。

消費者市場購買行為受內部因素和外部因素的影響。內部因素主要指消費者的心理活動，包括動機、感覺、學習、信念與態度。外部因素包括政治因素、經濟因素、文化因素、社會因素、家庭因素等。其購買決策過程主要包括確認需要、信息收集、方案評價、購買決策、購後行為等。

5.1.2 市場需求預測

市場需求預測是市場研究中最重要的一部分，也是最複雜的一部分。市場調查、市場需求預測和市場營銷決策分析是市場營銷管理信息系統的三個重要組成部分。而市場需求預測又是市場預測的主要內容之一。通過市場需求預測，企業能夠知曉未來市場的需求潛量，從而進行生產計劃的安排，並能進一步確定目標市場，使企業做出正確的投資決策、生產決策和銷售決策。

當未來需求趨勢較穩定，競爭者不存在或較少，或者競爭條件不變時，市場需求預測就相對容易。而實際上市場需求環境是不斷變化且不穩定的，所以需求預測也就變成了一項十分複雜的工作。

1. 市場預測的步驟

（1）確定預測目標

明確所要解決的問題，確定預測目標。預測目標包括預測的內容、範圍、要求、期限等。

（2）擬訂預測方案

根據預測目標，分析影響預測目標的主要因素，並編制預測計劃，擬訂預測方案。

（3）搜集分析資料，選擇預測方法

根據預測目標和預測方案，搜集相關資料，比如產品歷史資料、環境要素、消費者行為分析、購買力、市場經濟形勢，對搜集來的資料進行詳細的分析和數據測算，選擇相應的預測方法，構建預測模型，運用定量與定性相結合的方法，分析資料中各種變量之間的關係，進行科學預測。

（4）分析評估預測結果，撰寫預測報告

對預測的結果進行分析、檢驗和評價，並與實際相比較。預測和結果相差不

大則預測效果較好，反之則不然，需重新構建模型，擬訂定性和定量方案來進行預測。根據預測的結果，編寫預測報告。

在 ERP 沙盤模擬實訓中，模擬企業應該對未來進行詳細的市場預測，預測未來各市場的情況，包括區域市場、國內市場和國際市場等，並對行業內 P 產品的未來市場情況進行預測。

2. 預測方法

（1）定性預測方法

定性預測方法是指利用判斷、直覺、調查或比較的方法分析所有相關的條件或影響因素而做出定性估計的方法，即根據各種相關信息資料來推斷企業產品未來的需求趨勢和需求數量。首先根據通貨膨脹、失業、利率、消費者收支、企業投資、政府開支等重要的政治經濟社會文化相關因素來預測消費者總體的消費情況。然後，在此基礎上結合其他相關環境因素來預測行業的未來消費情況。最後，根據相關內外因素確定本企業的未來銷售情況。預測中的信息資源包括各類人員（購買者、銷售人員、專家）的意見、市場調查分析報告、行業內競爭者的投資營運情況等。在方法上可以採用德爾菲法、客戶意見推測法、經營人員意見推測法、專家意見推測法、市場試銷法等。

在 ERP 沙盤模擬實訓中，P1 產品是目前市場上的主流產品，而 P2 產品為其改良產品，很容易獲得大眾的認同。P3 和 P4 產品是 P 系列產品的高端技術，各個市場對它們的認同度不盡相同，需求量與價格也會有較大的差異。對於本地市場而言，P1 產品的市場需求量逐年減少，P2 產品慢慢得到市場認同，經過大致兩年的時間，逐漸打開銷售局面，但其需求量與 P1 產品在第一、二、三、四年相比仍然有一定的差距，在第五、六年高於 P1 產品。P3 和 P4 產品的需求量逐年上升，P3 產品在第五、六年達到最高值，遠遠高於同時期的 P1 和 P2 產品，P4 產品則在第四年開始有所需求，以後增長緩慢，雖然需求總量不高，但也是逐年上升。所以對於本地市場可以著重研發 P2 和 P3 產品，減少對 P1 產品的投入，再根據其各自的生產週期來確定開發的時間。在價格走向上，P3 產品的價格遠高於同期其他品種的產品，並且一直處於上升趨勢，P2 產品的價格在第四年達到最大值，P1 產品的價格則逐年下降。

而在區域市場，P 系列產品的需求量都沒有本地市場高，P2 產品在第二、三、四年需求量最高，P3 產品逐年上升，第四、五、六年達到頂峰，P4 產品也是逐年上升，第六年達到頂峰。在價格走向上 P3 產品的價格高於同時期其他品種的產品，P2 產品在第三年的價格最高。因此，在區域市場上仍然可著重發展 P2 和 P3 產品，也可以進行一定的 P4 產品開發。總體來說區域市場的客戶對 P 系列產品的喜好相對穩定，市場需求量波動不大，但因為緊鄰本地市場，所以其需求總量有限，並且在這個市場上的客戶對具有 ISO9000 或 ISO14000 的廠商的認同度可能更高。

國內市場的客戶需求波動較大，對 P1 和 P2 產品的需求量比較大，P3 和 P4 次之。P1 和 P2 產品的需求量比較波動，而 P3 和 P4 產品的需求量卻逐年升高，價格上 P3 產品高於同時期其他品種產品的價格，P1 和 P2 產品到後期價格處於

下滑狀態。國內市場對 ISO9000 和 ISO14000 的要求更高。

在未來的某個時期，模擬企業可能會考慮進入國際市場。在未來的幾年時間裡，P1 產品的需求仍然很大，而 P2 產品逐漸被認同，需求量逐年上升，但需求總量不是很大，P3 只在第六年有所需求，P4 產品未來的情況難以預測。在價格走向上，P2 產品的價格高於同時期其他產品的價格，其次是 P1 產品。

根據以上分析，模擬企業未來幾年將著重開發 P2 和 P3 產品，P1 和 P4 產品視情況而定，至於在何時開發還要根據每個產品的開發週期來定。各個市場側重的產品品種不同，可根據每個市場上產品的需求量和價格走向，以及同類產品在各個市場上的橫向價格比較來確定。

（2）定量預測方法

時間序列分析法、因果分析法等都是定量預測方法，下面介紹兩種簡單實用的定量預測方法。

①簡單移動平均法

$$F_t = \frac{A_{t-1} + A_{t-2} + \cdots + A_{t-n}}{n}$$

式中 t 表示「當前時期」，n 表示「移動平均的期數」，A_t 表示「第 t 期的實際值」。

預測者要求不同，n 選擇不同，n 值偏大，則預測偏穩定性；n 值偏小，則相對能體現出預測者目標的響應性。用該方法進行預測，n 值的選擇十分重要。

②一次指數平滑法

其計算公式如下：

$$F_t = F_{t-1} + a(A_{t-1} - F_{t-1})$$

公式中，F_t 表示第 t 期的預測值，F_{t-1} 表示第 $t-1$ 期的預測值，A_{t-1} 表示第 $t-1$ 期的實際值，a 表示平滑指數。a 的選擇也和預測者的追求密切相關，預測者追求平穩，則 a 選擇相對較小，若預測者追求目標的響應性，則選擇相對較大。

5.2 目標市場決策

5.2.1 市場細分

市場細分是按照消費者的一定特性，把市場分為兩個或兩個以上的子市場，從而幫助企業更好地認識市場，提高營銷的精確性。市場細分必須以消費者不同的需求特徵為基礎。

1. 市場細分步驟

（1）選定市場範圍

根據企業的經營情況，以及產品的特色和市場狀況為產品選定大致的市場範圍。

在 ERP 沙盤模擬實訓中，模擬企業根據市場預測的情況可以確定未來的主要市場範圍，將在本地市場的基礎上，著重打開區域和國內市場，在未來的某個時

期實現國際市場的開發。

(2) 發現顧客的潛在需求，確定需求特徵變量

列舉不同顧客的不同需求，瞭解不同潛在顧客的不同需求，找出能反應消費者需求特徵的變量。在 ERP 沙盤模擬實訓中，顧客存在對高技術產品的潛在需求。

(3) 細分市場，為不同子市場命名

根據以上列出的變量，將整體市場劃分為若干個子市場，使每個子市場具有相似的需求特徵，不同的子市場由需求特徵相異的消費者組成，並為每個子市場命名。

(4) 細分市場有效性評估

進一步認識各潛在顧客的特點以及各潛在市場的特徵和規模，對其有效性進行評估，如果符合評估標準，則細分市場有效，如果不行，則需要重新選擇變量，再次進行市場細分。

2. 市場細分的變量

變量不同，細分市場的結果不同，變量的確定和企業的需求以及市場的情況有關，一般來說市場細分的變量包括以下內容：

(1) 和消費者人文特徵有關的變量

這一類變量一般能體現消費者的人文特徵，包括年齡、性別等人口特徵，以及地理、心理等變量。

(2) 和消費者行為特徵有關的變量

這一類變量能體現消費者的消費行為和習慣以及消費者對市場的反應，包括市場關注度、使用數量、購買數量、購買時機、購買頻率、追求利益、價格敏感度等變量。

5.2.2 目標市場選擇

在市場細分的基礎上，企業根據目標顧客的需求以及企業自身的條件，選擇為數不多的市場作為企業的特定市場，企業的營銷策略以這樣的特定市場為目標。根據產品和市場兩大指標，目標市場覆蓋模式有五種。

1. 產品—市場集中化

這是一種完全專業化的方式，企業為一種市場提供一種產品，即企業只需要選擇一個細分市場作為自己的目標市場。企業一般會因為兩種情況而採取這種方式：一是資源有限，沒有足夠的能力服務於更多的市場；二是企業有非常專業化的優勢，特別適合這個特定市場。採用產品—市場集中化方式營運的企業風險較高，必須承擔消費者偏好改變而導致的市場風險。

2. 市場專業化

企業選擇某個市場後為這個市場生產所有需要的產品。這一模式因為要求企業生產各種產品，所以對企業的生產能力、服務能力、營運能力等有較高的要求，但這種模式可以為企業樹立良好的市場專業口碑，多產品經營也可分散市場風險。

3. 產品專業化

企業生產一種產品並服務於不同的市場，這種方式有利於企業樹立產品專業化優勢和鮮明的品牌特徵，但不利於企業的產品調整。

4. 選擇專業化

企業選擇若干細分市場作為目標市場，分別為每個細分市場選擇所需的產品。因為要為多個細分市場提供不同的產品，所以對企業的規模經濟有所限制，並要求企業有很強的駕馭市場的能力，特別是當這些細分市場之間缺乏內在的邏輯關係時。但這種方式卻能在一定程度上分散市場風險。

5. 全面覆蓋

實力雄厚的企業一般會選擇所有的市場作為目標市場，並為它們分別提供不同的產品，比如通用、寶潔這樣的大集團。

5.2.3　市場定位

企業根據市場競爭和自身的情況確定企業及產品在目標市場上的競爭地位，其目標是獲得競爭優勢，並確定企業及產品在目標顧客心中的位置和地位。

一般採用三種基本的定位策略來進行市場定位、應對競爭，即避強定位策略、直接對抗定位策略、重新定位策略。

1. 避強定位策略

避開細分市場上實力較強的競爭對手，與其做不同的定位取向，使自己的產品在某些特徵方面與競爭者相比在消費者心中有比較顯著的可以區別的位置。這種模式為大多數企業所採用，成功的可能性比較大，風險較低，但要找到區別於競爭對手的獨特的定位卻並非易事。

2. 直接對抗定位策略

這種策略是指與細分市場上強大的競爭對手展開競爭，採取與其相同或相似的市場定位，在消費者心中留下強勢的印象，在市場上展開激烈的競爭，具有較大的風險，對企業的實力有較高的要求。

3. 重新定位策略

對產品原來的定位實施調整，重新為產品定位，以改變目前被動的局面或尋求新的市場增長。重新定位往往是因為原先的定位不準確，不被消費者接受，或者是產品因競爭對手強大的攻勢而陷入被動的局面，又或者是因為銷售範圍意外擴大而必須重新進行定位。

5.3　營銷組合

5.3.1　產品策略

從營銷的角度來講，產品是能夠滿足消費者某一需求和慾望的任何有形產品和無形服務的總和，由核心產品、形式產品、期望產品、延伸產品和潛在產品五個層次組成。下面重點介紹與 ERP 實驗課程相關的內容。在 ERP 沙盤模擬實訓

中，根據戰略規劃，模擬企業將向市場推出行業的一系列產品，改變以前單一的 P1 產品銷售情況，實現新的產品組合策略。

1. 產品組合策略

產品組合是指某一銷售者提供給消費者的一整套產品和產品項目，即企業生產經營的全部產品線、產品項目的組合方式。企業通過決策產品組合的寬度、長度、深度和關聯度來實施產品組合策略，根據具體情況而進行擴展、縮減或延伸產品線。

（1）產品寬度

產品寬度是指企業生產經營的產品系列（產品線）的數目。企業產品線數量越多，則企業的產品組合寬度越寬；企業產品線數量越少，則組合寬度越窄。產品組合的寬度直接反應企業服務的市場範圍。擴大寬度，則擴大了市場範圍和經營範圍。企業可根據自身和環境條件而決定是否擴大產品組合寬度。

（2）產品長度

產品長度是指產品組合裡產品項目的總數。企業所生產產品的總長度是所有產品線中產品項目數量的總和。

（3）產品深度

產品深度是指產品線上每個產品項目所具有的花色、口味、規格等不同種類的數量。如寶潔公司的牙膏產品線下的產品項目有三種，佳潔士牙膏是其中一種，而佳潔士牙膏有三種規格和兩種配方，佳潔士牙膏的產品深度是 6。

（4）產品關聯度

產品關聯度是指產品線之間相互關聯的程度，即產品線在用途、生產製造、銷售渠道等方面的相關性。產品關聯度的高低影響企業的競爭地位，增加產品組合的關聯性，可充分地運用現有的生產、技術、分銷渠道和其他方面的能力來提高企業的競爭力。

2. 產品生命週期策略

產品生命週期是指產品從投放市場到退出市場的整個過程，企業應根據在這個過程中每個階段的不同特點及市場狀況來安排自己的營銷策略。

（1）引入期

引入期指產品從設計投產直到投入市場進入測試的階段。此時產品品種少，顧客對產品還不瞭解，需求量很少，所以銷售量在這一階段也很少。由於處於初期階段，企業的生產規模還比較小，生產技術和生產質量也處於不穩定狀態，初期的生產成本也比較大，廣告費用較大，還要進行渠道建設，所以在這一階段，企業極有可能不但不能獲利，還有可能會虧損。這一階段主要的營銷策略包括快速掠取策略、緩慢掠取策略、快速滲透策略和緩慢滲透策略。

（2）成長期

當新產品銷售取得成功，經過引入期，便到了成長期。在成長期，企業的需求量和銷售量迅速提升，生產技術也得到提高，生產成本下降，利潤開始增長。進入成長期，特別是在成長後期，由於新產品市場得到迅速擴大，利潤也會很高，開始有新的競爭者進入市場，企業的利潤增長減慢。在這個階段，企業的營

銷策略，應該考慮的是提高產品質量，設計出產品的新款式、新型號、新用途，並樹立產品新的有力的形象，開闢和拓寬銷售渠道，也可以考慮調整產品的銷售價格，獲得更多的顧客。

（3）成熟期

當產品進入成熟期，產品的銷售量增長緩慢，在這個階段，企業應該考慮積極的市場營銷策略，以延長產品的成熟期，比如市場改良策略、產品改良策略、營銷組合改良策略等。

（4）衰退期

市場上出現了性能更好、價格更低、更能滿足消費者需求的產品，企業的產品逐漸被淘汰，此時進入衰退期，這個時候企業應該考慮採取繼續策略、集中策略、放棄策略等。

在ERP沙盤模擬實訓中，新產品的開發都要經歷這四個階段，模擬企業要特別注意每個階段每類產品生產和銷售策略的制定。

5.3.2 價格策略

價格策略的優劣影響營銷組合的成功。企業要根據消費者市場和企業自身的情況，來確定產品的價格。成本、市場需求和競爭狀況是影響產品價格高低的最主要的因素。企業定價的方法主要包括成本導向定價法、需求導向定價法、競爭導向定價法。在定價策略上，企業可以考慮新產品定價策略、消費者心理定價策略、產品組合定價策略、折扣定價策略。

5.3.3 促銷策略

促銷就是企業通過各種方式將自己的產品信息傳遞給消費者和用戶的行為。企業可以通過廣告、宣傳、營業推廣、人員推銷、公共關係等方式來進行促銷。在這裡，我們重點介紹一下廣告。

1. 廣告預算影響因素

廣告是一種重要的信息傳播方式。企業通過媒介和非人員促銷形式，直接或間接地推銷自己的產品或服務的理念。企業在做廣告的時候首先應該確定廣告預算。廣告預算受廣告目標、競爭者廣告支出和企業廣告可用資金幾大因素的影響。當企業投入的廣告費用比較多時，它的廣告市場份額也就較大，而實際的市場份額也將有所增加。廣告市場份額和實際的市場份額往往是成正相關的關係。當企業擁有較高的市場份額時，它也能獲得較多的資金來負擔更高的廣告市場份額。所以，很多企業都把廣告作為一個效率很高的主要的促銷方式。

在ERP沙盤模擬實訓中，廣告是作為唯一的一項獲得市場訂單的促銷方法，市場地位的確立也與此十分相關，因此模擬企業都比較注重廣告的投入。第一年廣告投入的多少決定了訂單選擇的先後，先選的企業無疑能拿到當年最好的訂單。廣告到底投入多少，將視總體規劃、廣告預算和競爭對手的情況來定。

2. 廣告預算的方法

（1）銷售百分比法：基於過去的經驗，確定廣告費用占計劃銷售額的百分

比，企業以此百分比為基礎來確定廣告預算。

（2）目標任務法：根據廣告目標，選定廣告媒體，計算出相應的廣告費用。

（3）競爭對抗法：以競爭對手的廣告支出，來決定企業的廣告費用。

（4）承受力法：企業的其他預算得到滿足之後的餘額用作廣告，這種做法的風險比較大，往往沒有考慮廣告目標和廣告效果。

5.3.4　渠道策略

大多數生產者和消費者不能進行直接的面對面的交易。因此，企業需要建立將某種產品或服務向消費者轉移的渠道。能否使產品順利地到達消費者的手中，渠道策略將起到關鍵性的作用。生產者渠道選擇方案包括確定銷售渠道模式、確定中間商數目、規定渠道成員的權利與義務等內容。

6 企業財務管理方法

財務管理是對企業資金收支進行規劃和控制的經濟管理活動,主要包括籌資管理、投資管理、營運資金管理及收益分配管理。財務管理是企業最重要的管理活動之一,也是 ERP 沙盤模擬實訓中的關鍵環節。在 ERP 沙盤模擬實訓中,主要涉及現金預算、資金籌集、固定資產的投資、無形資產投資以及財務分析等一系列財務管理活動。

6.1 現金預算管理

企業虧損可以繼續存活,但如果現金斷流,企業的生產經營活動將無以為繼。現金猶如企業的血液,非常重要。現金的流動性是所有資產中最強的,但同時又是一種非盈利性的資產,不能給企業帶來任何收益。企業應當持有一定的現金來防止可能的現金短缺,但又不能持有過多的現金,造成現金的閒置和浪費,降低整體資產的收益能力。現金管理就是在現金的流動性和盈利性之間進行權衡選擇。現金預算管理是現金管理的核心環節。

6.1.1 現金預算的概念

現金預算就是在企業長期發展戰略的基礎上,以現金管理的目標為指導,充分調查和分析各種現金收支的影響因素,運用一定的方法合理估測企業未來一定時期的現金收支狀況,並對預期差異採取相應對策的活動。根據企業生產經營特點與管理要求,現金預算可按月、週或日為基礎進行編制,也可覆蓋幾個月至一年。

6.1.2 現金預算的作用

編制現金預算可以較為有效地預計未來可能的現金收支數量和時間,是現金收支動態管理的一種有效方法。現金預算在現金管理上的作用表現在:

(1) 可以揭示現金過剩或現金短缺的時期,使資金管理部門能夠將暫時過剩的現金轉入投資或在短缺時期來臨之前安排籌資,以避免不必要的資金閒置或不足,減少機會成本。

(2) 可以在實際收支實現以前瞭解經營計劃的財務結果,預測未來時期企業對到期債務的直接償付能力。

(3) 可以對其他財務計劃提出改進建議。

6.1.3 現金預算的編制方法

目前最為流行、應用最為廣泛的現金預算編制方法是收支預算法，又稱直接法。其基本原理是通過將預算期內可能發生的一切現金收支分類列入現金預算表內，從而確定收支差異並採取適當財務對策。收支預算法編制現金預算主要分四個步驟進行：

（1）計算預算期內現金收入，即根據企業收入預算（包括銷售收入預算、投資收入預算及其他收入預算）計算企業在預算期內所能獲得的現金收入。

（2）計算預算期內現金支出，即根據企業現金支出計劃（例如採購原材料、支付工資、支付期內費用、支付稅金等）計算企業在預算期內的現金支出。

（3）計算現金不足或結餘，即根據公式（6.1）估算企業在預算期內的現金餘缺水平。

$$\text{預算期內現金結餘} = \text{預算期初現金餘額} + \text{預算期內現金流入} - \text{預算期內現金流出} - \text{預算期末現金餘額} \quad (6.1)$$

（4）現金融通，即根據計算出的期末現金結餘情況進行短期投融資。如果現金不足，則提前安排籌資（比如向銀行借款等）；若現金富餘，則提前歸還貸款或投資有價證券，以增加收益。

例 6-1： 假定 ABC 公司發生現金餘缺均由歸還或取得短期借款解決，且短期借款的利息可以忽略不計。除表中所列項目外，企業沒有有價證券，也沒有其他現金收支業務。預計 2016 年度設定的年末餘額為 60 萬元。ABC 公司編制的 2016 年度現金預算如表 6-1 所示：

表 6-1　　　　　　2016 年度 ABC 公司現金預算　　　　　　單位：萬元

項目	第一季度	第二季度	第三季度	第四季度
①期初現金餘額	1,000	1,500	2,000	2,500
②本期現金收入	31,000	33,500	38,000	36,500
③可運用現金合計（①+②）	32,000	35,000	40,000	39,000
④本期現金支出	30,000	34,000	37,000	40,000
⑤現金餘缺（③-④）	2,000	1,000	3,000	-1,000
⑥資金籌措及運用（⑦+⑧）	-500	1,000	-500	3,000
⑦取得短期借款	0	1,000	0	3,000
⑧歸還短期借款	-500	0	-500	0
⑨期末現金餘額（⑤+⑥）	1,500	2,000	2,500	2,000

6.2　籌資管理

企業的資金運動以籌資為起點。企業在設立以及開展經營活動的過程中，首先必須解決的是通過什麼方式、在什麼時間、籌集多少資金。財務人員面對這些

問題時,一方面要保證籌集的資金能滿足企業經營與投資的需要;另一方面還要使籌資風險在企業的掌控之中,一旦外部環境發生變化,企業不至於因無法償還債務而陷入破產。

企業預測出未來的資金需要量後,就要選擇恰當的籌資方式。在 ERP 沙盤模擬實訓中,可使用的籌資方式包括短期貸款、長期貸款、高利貸、應收帳款貼現、廠房的直接租賃和售後回租等。除了應收帳款貼現外,其餘五種方式均為債務籌資。每一種籌資方式的資金成本、籌資條件和資金使用期限都有差異,財務人員應根據不同籌資方式資本成本的高低、財務風險的大小、取得資本的難易等情況進行合理選擇。

6.2.1 比較資本成本

1. 資本成本的概念和一般計算公式

資本成本也稱資金成本,是指公司為籌集和使用資金而發生的各種費用,包括用資費用和籌資費用兩部分內容。

在財務管理中,資本成本一般用相對數表示,即表示為用資費用與籌資淨額的比率,其中籌資淨額是籌資數額扣除籌資費用後的差額。資本成本的一般計算公式為:

$$資本成本(率) = \frac{用資費用}{籌資數額-籌資費用} \times 100\% \qquad (6.2)$$

在 ERP 沙盤模擬實訓中,各種籌資方式均不考慮資金的籌資費。另外,按照國際慣例和各國所得稅法的規定,債務的利息一般允許在公司所得稅前列支,即債務利息有減稅作用。因此,公司實際負擔的債務利息為利息×(1-所得稅),並以此確認為債務籌資的資金占用費。但在 ERP 沙盤模擬實訓中,債務籌資均具有減稅作用,所以,比較這些籌資方式的資金成本時,不再考慮減稅因素。

2. 各種籌資方式的資本成本

(1) 短期貸款、長期貸款和高利貸的資本成本

根據 ERP 沙盤模擬實訓的規則,短期貸款的年利率為 5%,長期貸款的年利率為 10%,高利貸的年利率為 30%。根據前述分析,在不考慮籌資費和利息減稅的情況下,短期貸款、長期貸款和高利貸的資本成本分別為 5%、10% 和 30%。

(2) 應收帳款貼現的資本成本

企業可以將持有的未到期的應收帳款拿到銀行貼現,提前獲得現金,但要支付貼現利息。在 ERP 沙盤模擬實訓中,應收帳款貼現必須按 6:1 提取貼現利息,即從應收帳款中取 7M(單位:1M=1,000,000 元)或 7 的整數倍數的應收帳款,6M 或 6 的整數倍數放入現金,其餘為貼現利息。應收帳款的貼現是按季度進行的,所以,此時應收帳款貼現的資本成本計算公式為:

$$應收帳款貼現的資本成本 = \left(\frac{1}{6} \div 剩餘帳期\right) \times 4 \times 100\% \qquad (6.3)$$

從該計算公式可以看出,應收帳款貼現的資本成本與剩餘帳期成反比。剩餘的應收帳期越短,貼現的資本成本越高;剩餘的應收帳期越長,貼現的資本成本

越低。

例 6-2：企業將剩餘 4 個帳期的應收帳款貼現，該筆應收帳款貼現的資本成本計算如下：

$$應收帳款貼現的資本成本 = \left(\frac{1}{6} \div 4\right) \times 4 \times 100\% = 16.67\%$$

在 ERP 沙盤模擬實訓中，應收帳款的帳期最長為 4 期。剩餘 4 個帳期的應收帳款貼現是該實訓中應收帳款貼現中資本成本最低的，但也遠遠高於短期貸款 5% 和長期貸款 10% 的資本成本。

（3）直接租賃的資本成本

在 ERP 沙盤模擬實訓中，模擬企業可以租入廠房使用，但每年要支付租金。大廠房租金 5M，小廠房租金 3M。租賃時支付的租金看作是利息，租賃的資本成本計算如下：

$$租賃廠房的資本成本 = \frac{租金}{大廠房或小廠房的買價} \times 100\% \quad (6.4)$$

大小廠房的買價分別是 40M 和 30M，根據該計算公式，租賃大小廠房的資本成本分別為：

$$租賃大廠房的資本成本 = \frac{5}{40} \times 100\% = 12.5\%$$

$$租賃小廠房的資本成本 = \frac{3}{30} \times 100\% = 10\%$$

（4）售後回租的資本成本

在 ERP 沙盤模擬實訓中，模擬企業可以出售擁有的廠房。如果出售後的廠房仍繼續使用，則要支付租金。從財務的角度看，這屬於融資租賃中的售後回租，支付的租金相當於利息。模擬企業出售大、小廠房後，分別將獲得 40M 和 30M 的 4 期的應收帳款。如果模擬企業將廠房租回使用，並且將未到期的應收帳款貼現，則售後回租的資本成本的計算公式為：

$$售後回租並貼現當年的資本成本 = \left[\frac{租金+貼現利息}{大廠房或小廠房出售價值-(租金+貼現利息)} \div 剩餘帳期\right] \times 4 \times 100\% \quad (6.5)$$

例 6-3：企業將擁有的大廠房出售獲得 40M 的 4 期應收帳款，並支付 5M 將大廠房租回使用。出售當期就將出售所得的 35M 進行貼現，支付 5M 的貼現利息，實際獲得 30M 的資金。則：

$$售後回租並貼現當年的資本成本 = \left[\frac{5+5}{40-(5+5)} \div 4\right] \times 4 \times 100\% = 33.33\%$$

由該例子可以看出，售後回租的資本成本高於高利貸 30% 的資本成本，是該實訓提供的五種融資方式中資本成本最高的籌資方式。

6.2.2 考慮財務槓桿

企業在進行負債籌資時，還必須考慮財務槓桿給企業帶來的收益和風險。

1. 財務槓桿的概念

財務槓桿是指企業債務資本中固定費用的存在而導致普通股每股收益變動率大於息稅前利潤變動率的現象。企業的全部長期資本是由股權資本和債務資本構成的。股權資本成本是變動的，從企業的稅後利潤中支付；而債務資本成本通常是固定的，並在繳納企業所得稅前扣除。不管企業的息稅前利潤是多少，首先都要扣除利息等債務資本成本，剩餘的才屬於股權資本的收益。因此，企業利用財務槓桿會對股權資本的收益產生一定的影響，有時可能給股權資本的所有者帶來額外的收益（即財務槓桿利益），有時也可能造成一定的損失（即遭受財務風險）。

2. 財務槓桿利益分析

財務槓桿利益是指企業利用債務籌資這個財務槓桿給股權資本帶來的額外收益。在企業資本規模和資本結構一定的條件下，企業從息稅前利潤中支付的債務利息是相對固定的，當息稅前利潤增多時，每1元息稅前利潤所負擔的債務利息會相應地降低，扣除企業所得稅後可分配給企業股權資本所有者的利潤就會增加，從而給企業所有者帶來額外的收益。

3. 財務風險分析

財務風險亦稱籌資風險，是指企業經營活動中與籌資有關的風險，尤其是指在籌資活動中利用財務槓桿可能導致企業股權資本所有者收益下降的風險，甚至可能導致企業破產的風險。由於財務槓桿的作用，當息稅前利潤下降時，稅後利潤會下降得更快，從而給企業股權資本所有者造成財務風險。

例6-4：某公司2013—2015年的息稅前利潤分別為160萬元、240萬元和180萬元，每年的債務利息均為150萬元，公司所得稅稅率為25%。該公司財務槓桿作用帶來的財務槓桿利益和財務槓桿風險的測算如表6-2所示：

表6-2　　　　　某公司財務槓桿利益和風險測算表　　　　　單位：萬元

年份	息稅前利潤	息稅前利潤變化率	債務利息	所得稅	稅後利潤	稅後利潤變化率
2013	160	—	150	2.5	7.5	—
2014	240	+50%	150	22.5	67.5	+800%
2015	180	-25%	150	7.5	22.5	-67%

由表6-2可以看出，公司每年債務利息均為150萬元，保持不變。公司的息稅前利潤由2013年的160萬元增長到2014年的240萬元，增長率為50%，由於財務槓桿的作用，稅後利潤的增長率高達800%。稅後利潤的增長率遠遠高於息稅前利潤的增長率從而給股權資本的所有者帶來了額外的利益。但當公司的息稅前利潤由2014年的240萬元下降到2015年的180萬元，降低率為25%時，由於財務槓桿的放大作用，稅後利潤的降低率達到67%。稅後利潤的降低幅度遠遠大於息稅前利潤的降低幅度，從而導致了財務風險。

企業進行籌資決策時，應該與投資相配合，除了需要考慮資本成本、財務槓桿等因素之外，還需要考慮籌資數量的合理性、籌資方式的可獲得性、資金的取

得時間、當前可使用的額度、利息的支付方式、對後續其他籌資手段的影響等因素，力爭做到資金成本最低，適用度最好。

6.3 資本投資管理

固定資產和無形資產投資統稱為資本投資。資本投資具有投入數額大、回收慢、風險高的特點，一旦決策失誤就會給企業和社會造成資金浪費及經濟損失，甚至帶來致命的打擊而導致企業破產。所以，資本投資管理在企業財務管理中佔有非常重要的地位。在 ERP 沙盤模擬實訓中，資本投資管理涉及廠房和生產線等固定資產的投資以及市場開拓、產品研發和認證資格研發等無形資產的投資。

6.3.1 廠房的投資決策

ERP 沙盤模擬實訓為經營者提供了大、小兩類廠房，可租可買。大廠房可容納 6 條生產線，小廠房可容納 4 條生產線。ERP 沙盤模擬實訓中廠房的投資決策涉及是否需要投資新廠房，投資哪種類型的廠房，何時投資，選擇買還是租等問題。是否需要投資新廠房取決於未來新增生產線的投資數量，如果現有廠房不能容納未來新增的生產線，則需要投資廠房。投資哪種類型的廠房應遵循的原則是保證廠房的空置率最低，最大化地提高廠房的使用效率。何時投資，應配合企業生產線投資建設的時間，考慮是否會影響後續投資能力。買或租則取決於企業的資金是否寬裕、資本成本的高低以及投資收益率的高低。廠房投資收益率可按如下公式計算：

$$投資收益率 = \frac{\sum 每種產品的單位平均毛利 \times 截至經營結束該廠房中各條生產線產出並售出的產品數量}{租金總支出或購買價格} \times 100\% \quad (6.6)$$

其中，

$$每種產品的單位平均毛利 = \frac{\sum 廠房中的生產線有產出後該產品每年訂單的銷售額}{\sum 廠房中的生產線有產出後該產品每年訂單的銷售量} - 單位成本$$

6.3.2 生產線的投資決策

評價固定資產投資項目是否具備財務可行性或孰優孰劣的指標主要有兩大類：一類是折現指標，即考慮了資金的時間價值因素的指標，主要有淨現值、現值指數和內含報酬率；另一類是非折現指標，即沒有考慮資金的時間價值因素的指標，主要有投資回收期和平均報酬率。因為折現指標需要預測未來各年的現金流量，並確定合理的折現率，這些數據在 ERP 沙盤模擬實訓中很難取得，所以折現指標不適合 ERP 沙盤模擬實訓的投資評價。投資回收期則是非常適合 ERP 沙盤模擬實訓的評價指標。

投資回收期是指從開始投資到收回全部原始投資所需要的時間，一般用年表示。在其他條件相同的情況下，投資回收期越短，投資風險越小，投資越有利。

ERP沙盤模擬實訓中，生產線的類型包括：手工生產線、半自動生產線、全自動生產線和柔性生產線。生產線的投資回收期的計算公式如下：

$$投資回收期 = 安裝時間 + \frac{生產線投入資金}{毛利 - 維修費 - 利息} \quad (6.7)$$

其中，毛利＝預計單價－單位成本

利息為生產線投入資金的機會成本。從財務穩健的角度出發，長貸用於生產線投資、產品研發等長期資產的構建，短貸則用於維護生產和生產週轉。所以，這裡假設生產線的資金來源於長期貸款，利息按年利率10%計算。

根據上述公式可以計算出各種生產線生產不同產品的投資回收期。計算結果見表6-3：

表6-3　　　　　　　　新生產線生產不同產品的投資回收期

生產線	產品	投資/M	安裝時間/年	年產能/個	預計單價/M	單位成本/M	毛利/M	維修費/M	利息/M	回收期/年
手工	P1	5	–	1	4	2	2	1	0.5	10
半自動	P1	8	0.5	2	4	2	2	1	0.8	3.39
全自動	P1	15	0.67	4	4	2	2	1	1.5	3.05
柔性	P1	20	1	4	4	2	2	1	2	5

從表6-3可以看出，生產P1產品，手工生產線的投資回收期最長，全自動生產線的投資回收期最短。從投資回收期這個指標來看，為生產P1產品，投資全自動生產線是最有利的方案。生產其餘產品時，不同生產線的投資回收期可以按照上述公式計算，這裡不再贅述。

企業在進行生產線投資決策時，除了考慮投資回收期，還需考慮所需資金能否及時籌措到位，以及不同生產線的生產效率和靈活性。生產效率是指單位時間生產產品的數量（產能）；靈活性是指轉產新產品時設備調整的難易程度。各類生產線的生產效率和靈活性比較見圖6-1：

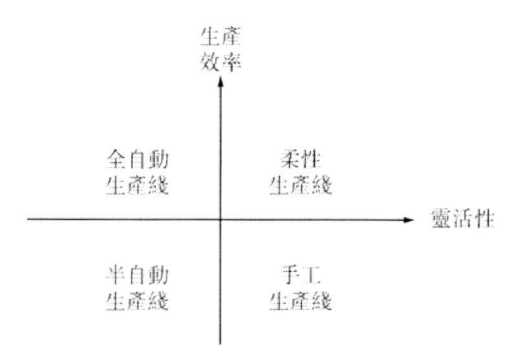

圖6-1　各類生產線的生產效率和靈活性比較

生產線開始建設的最佳時點應該是保證產品研發與生產線建設投資同期完成。為了少提折舊，可以選擇生產線在某年第一季度建成。從節約費用的角度出

發,轉產最好選擇手工線,其他一般不轉產。

6.3.3 無形資產投資決策

無形資產的投資原則應是每個項目投資一旦完成,立即就能發揮積極的作用。

在 ERP 沙盤模擬中,開拓的市場並非越多越好,關鍵是看能否提升企業的效益。因為市場准入資格的獲得需要付出資金及時間代價,如果開發出的市場不能發揮應有的作用,則開發就是失敗的。

新產品研發是 ERP 沙盤模擬中的重要環節。新產品的研發一是需要時間,二是需要費用。企業在制定產品研發策略時,決定新產品研發品種的主要因素是企業戰略。新產品研發必須與企業戰略相協調,根據戰略需求逐步開展新產品的研發工作。新產品研發的時機主要取決於企業的生產計劃,企業生產某種產品時,必須同時具有該產品的生產資格。因此,企業的生產計劃確定了某種產品的首次生產時間,提前相應的研發週期開始該產品的研發工作,既不影響產品的生產,同時又不會提前占用企業資金。

隨著市場的發展,對產品質量的要求會越來越高,部分顧客會對生產企業提出 ISO9000 或者 ISO14000 要求,企業要選擇合適的時機進行 ISO 資格認證的投資,否則有可能錯失很好的市場機會。通常來說,ISO 認證投資不多,全部完成只需要 6M,但可以讓企業有更好的質量信譽,企業應該在經營的頭幾年裡完成 ISO 資格認證的投資。

6.4 財務分析

6.4.1 財務分析的概念和作用

財務分析是以企業的財務報告等會計資料為基礎,對企業的財務狀況、經營成果和現金流量進行分析和評價的一種方法。其目的是為股東、債權人和管理層等會計信息使用者提供更具相關性的會計信息,為會計信息使用者進行財務預測和財務決策提供依據。進行財務分析時,既可以進行單項財務能力分析,也可以進行綜合分析。

在實務中,財務分析可以發揮以下重要作用:

(1) 通過財務分析,可以全面評價企業在一定時期內的各種財務能力,從而分析企業經營活動中存在的問題,總結財務管理工作的經驗教訓,促進企業改進經營活動、提高管理水平。

(2) 通過財務分析,可以為企業外部投資者、債權人和其他有關部門和人員提供更加系統的、完整的會計信息,便於他們更加深入地瞭解企業的財務狀況、經營成果和現金流量情況,為其投資決策、信貸決策和其他經濟決策提供依據。

(3) 通過財務分析,可以檢查企業內部各職能部門和單位完成經營計劃的情況,考核各部門和單位的經營業績,有利於企業建立和完善業績評價體系,協調

各種財務關係，保證企業財務目標的順利實現。

6.4.2 單項財務能力分析

企業的單項財務能力可分為收益力、安定力、活動力和成長力。

1. 收益力分析

收益力又稱為獲利能力，是公司持續存在和發展的必要條件，也是決定和影響公司利潤和股票投資者獲得的股利多寡的主要因素。

（1）毛利

毛利是銷售收入減去銷售成本的餘額。其計算公式為：

$$毛利 = 銷售收入 - 銷售成本 \tag{6.8}$$

毛利率就是衡量企業毛利在銷售收入中的比率。其計算公式為：

$$毛利率 = \frac{毛利}{營業收入淨額} \times 100\% \tag{6.9}$$

其中，營業收入淨額是主營業務收入扣除了銷售退回、銷售折扣及折讓後的餘額。

企業產品的毛利水平的高低決定了單位產品的盈利能力，也決定了企業在營銷、籌資、市場開發上投入的空間大小。

（2）利潤率

利潤率是指企業一定時期內營業利潤同營業收入淨額的比率，它反應了企業主營業務的獲利能力。其計算公式為：

$$利潤率 = \frac{營業利潤}{營業收入淨額} \times 100\% \tag{6.10}$$

由於營業利潤是指主營業務利潤，並不包括其他業務利潤、投資收益、營業外收支，因此，該項指標值越高，則體現主營業務的市場競爭力越強，產品附加值高，盈利空間大，銷售策略好，收支管理佳。

（3）總資產收益率

總資產收益率可以衡量企業對其所擁有資源的運用效果，最能顯示出企業的經營績效。該比率越高表示公司運用經濟資源的獲利能力越強。其計算公式為：

$$總資產收益率 = \frac{息稅前利潤}{平均總資產} \tag{6.11}$$

（4）淨資產收益率

淨資產收益率是企業一定時期的淨利潤與股東權益平均總額的比率。其計算公式為：

$$淨資產收益率 = \frac{淨利潤}{股東權益平均總額} \times 100\% \tag{6.12}$$

淨資產收益率是評價企業盈利能力的一個重要財務比率，它反應了企業股東獲取投資報酬的高低。該比率越高，說明企業的盈利能力越強。

2. 安定力分析

安定力分析就是測試企業的經營基礎是否穩固、企業財務結構是否合理、償

債能力是否具備。一個企業,如果沒有足夠的償債能力,即使收益力再高,也是很危險的。一個企業只有在安定力上過了關,才能有條件和基礎去平穩發展。安定力分析包括短期償債能力分析和長期償債能力分析。

(1) 短期償債能力分析

①流動比率

流動比率是企業流動資產與流動負債的比值。其計算公式為:

$$流動比率 = \frac{流動資產}{流動負債} \tag{6.13}$$

流動比率越高,說明企業償還流動負債的能力越強,流動負債得到償還的保障越大。但是,流動比率過高也並非好現象,因為流動比率過高,可能是企業滯留在流動資產上的資金過多,未能有效地利用,進而會影響企業的盈利能力。根據西方的經驗,流動比率在2左右比較合適。但還應該考慮不同的行業特點、流動資產結構及各項流動資產的實際變現能力等因素,不可一概而論。

②速動比率

流動資產中各項目的變現能力不盡相同。存貨需經過銷售才能轉變為現金,如果存貨滯銷,則其變現就成問題,所以存貨是流動資產中變現能力相對較差的資產。如果存貨在流動資產中所占比重較大,即使流動比率較高,則企業的短期償債能力仍然不強。因此,需要撇開變現能力較差的存貨,更進一步地判斷企業的短期償債能力。一般來說,流動資產扣除存貨後的資產稱為速動資產。速動資產與流動負債的比值稱為速動比率。其計算公式為:

$$速動比率 = \frac{速動資產}{流動負債} = \frac{流動資產 - 存貨}{流動負債} \tag{6.14}$$

速動比率越高,說明企業的短期償債能力越強。根據西方經驗,一般認為速動比率為1比較合適。但在實際分析時,應該根據企業性質和其他因素來綜合判斷,不可一概而論。

(2) 長期償債能力分析

①資產負債率

資產負債率是企業負債總額與資產總額的比率,說明企業的資產總額中有多大比例是通過舉債而得到的。其計算公式為:

$$資產負債率 = \frac{負債總額}{資產總額} \times 100\% \tag{6.15}$$

資產負債率反應企業償還債務的綜合能力,該比率越高,企業償還債務的能力越差,財務風險越大;反之,償還債務的能力越強。

②固定資產長期適配率

固定資產長期適配率表明企業固定資產與長期資本的配置狀況,是判斷企業資源配置平衡協調性、財務狀況穩定性、籌資營運策略合理性的重要指標。其計算公式為:

$$固定資產長期適配率 = \frac{固定資產}{長期負債 + 所有者權益} \tag{6.16}$$

這個指標應該小於 1，說明購建固定資產應使用還債壓力較小的長期貸款和所有者權益這些長期資金。這是因為固定資產建設週期長，且固化的資產不能馬上變現。如果使用短期貸款來購建固定資產，若短期內不能順利實現產品銷售而帶來現金回籠，勢必造成還款壓力。

3. 活動力分析

企業活動力又稱營運能力，是指企業對現有資產的利用能力和經營效率。如果企業活動力強，經營效率高，資產被充分利用，那麼只要銷售利潤率稍微提高一點，就可使總資產收益率大幅提高。

（1）應收帳款週轉率

應收帳款週轉率是企業一定時期賒銷收入淨額與應收帳款平均餘額的比率。其計算公式為：

$$應收帳款週轉率 = \frac{賒銷收入淨額}{應收帳款平均餘額} \quad (6.17)$$

應收帳款週轉率反應了應收帳款在一個會計年度內的週轉次數，可以用來分析應收帳款的週轉速度和管理效率。該比率越高，說明應收帳款的週轉速度越快、流動性越強，可以減少壞帳損失，提高資產的流動性，企業的短期償債能力也會得到增強，這在一定程度上可以彌補流動比率低的不利影響。

（2）存貨週轉率

存貨週轉率是企業一定時期的營業成本與存貨平均餘額的比率。其計算公式為：

$$存貨週轉率 = \frac{營業成本}{存貨平均餘額} \quad (6.18)$$

存貨週轉率測定企業存貨的變現速度，衡量企業的銷售能力和存貨使用效率。該比率越高，說明存貨變現速度快，銷售順暢，週轉額大，資產占用水平低，成本費用節約。

（3）固定資產週轉率

固定資產週轉率是企業營業收入淨額與固定資產平均淨值的比率。其計算公式為：

$$固定資產週轉率 = \frac{營業收入淨額}{固定資產平均淨值} \quad (6.19)$$

固定資產週轉率主要用於分析企業對廠房、設備等固定資產的利用效率，該比率越高，說明固定資產的利用率越高，管理水平越好。

（4）總資產週轉率

總資產週轉率是企業營業收入淨額與資產平均總額的比率。其計算公式為：

$$總資產週轉率 = \frac{營業收入淨額}{資產平均總額} \quad (6.20)$$

總資產週轉率可用來分析企業全部資產的使用效率。如果這個比率較低，說明企業利用其資產進行經營的效率較差，會影響企業的盈利能力，企業應該採取措施提高銷售收入或處置資產，以提高總資產利用率。

4. 成長力分析

成長力也稱發展力，是指企業在從事經營活動過程中所表現出的增長能力。成長力分析主要考察企業各項指標的增長狀況，考察企業的發展前景。

（1）收入增長率

收入增長率是企業本年營業收入增長額與上年營業收入總額的比率。其計算公式為：

$$收入增長率 = \frac{本年營業收入增長額}{上年營業收入總額} \times 100\% \qquad (6.21)$$

收入增長率反應了企業營業收入的變化情況，是評價企業成長性和市場競爭力的重要指標。該比率大於零，表示企業本年營業收入增加；反之，表示營業收入減少。該比率越高，說明企業營業收入的成長性越好，企業的發展能力越強。

（2）利潤增長率

利潤增長率是指企業本年利潤總額增長額與上年利潤總額的比率。其計算公式為：

$$利潤增長率 = \frac{本年利潤總額增長額}{上年利潤總額} \times 100\% \qquad (6.22)$$

利潤增長率反應了企業盈利能力的變化，該比率越高，說明企業的成長性越好，發展能力越強。

（3）淨資產增長率

淨資產增長率是指企業本年股東權益增長額與年初股東權益總額的比率。其計算公式為：

$$淨資產增長率 = \frac{本年股東權益增長額}{年初股東權益總額} \times 100\% \qquad (6.23)$$

淨資產增長率反應了企業當年股東權益的變化水平，體現了企業資本的累積能力，是評價企業發展潛力的重要財務指標。該比率越高，說明企業資本累積能力越強，企業的發展能力也越好。

6.4.3 杜邦分析法

1. 杜邦分析法的原理

影響企業財務狀況的內部各種因素都是相互依存、相互作用的，任何一個因素的變動都會引起企業整體財務狀況的改變。因此，財務分析者在進行財務狀況綜合分析時，必須深入瞭解企業財務狀況內部的各項因素及其相互之間的關係，這樣才能比較全面地揭示企業財務狀況的全貌。

杜邦分析法就是通過對淨資產收益率這個綜合性指標進行層層分解，將其分解為反應企業各方面情況的若干財務指標，以全面、系統地反應企業的財務狀況以及財務狀況這個系統內部各個因素之間的相互關係，從而揭示出企業過去的盈利能力及其變動原因，為未來提高盈利能力應採取的措施指明方向。

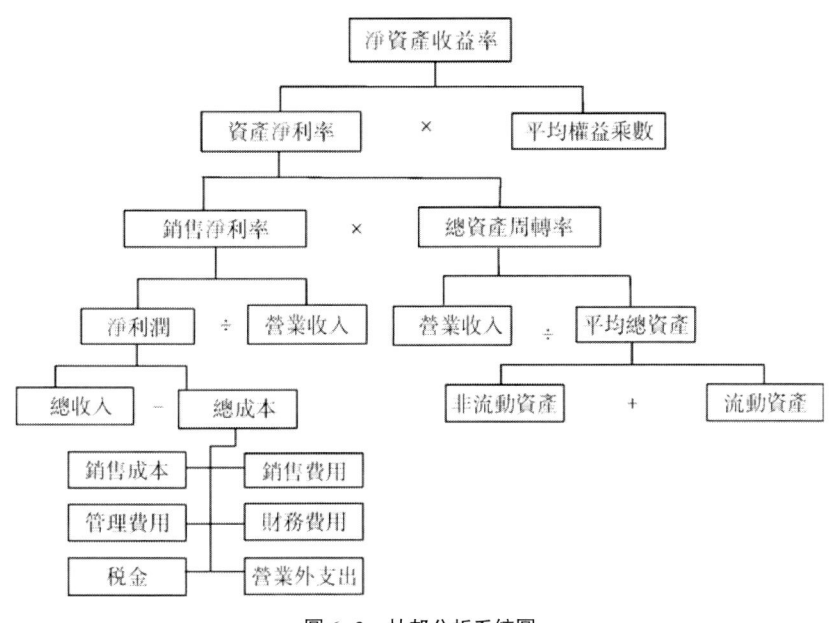

```
                    ┌─────────────┐
                    │ 淨資產收益率 │
                    └──────┬──────┘
                ┌──────────┴──────────┐
          ┌─────┴─────┐  ×  ┌─────────┴─────┐
          │ 資產淨利率 │     │ 平均權益乘數 │
          └─────┬─────┘     └───────────────┘
        ┌──────┴──────┐
   ┌────┴────┐  ×  ┌──┴──────┐
   │ 銷售淨利率 │   │ 總資產周轉率 │
   └────┬────┘     └──┬──────┘
    ┌───┴───┐        ┌┴────────┐
 ┌──┴──┐ ÷ ┌┴────┐  ┌┴────┐ ÷ ┌┴──────┐
 │淨利潤│   │營業收入│  │營業收入│   │平均總資產│
 └──┬──┘   └─────┘  └─────┘   └──┬────┘
  ┌─┴──┐                      ┌───┴────┐
┌─┴─┐ - ┌┴──┐              ┌──┴────┐ + ┌┴──────┐
│總收入│   │總成本│              │非流動資產│   │流動資產│
└───┘   └─┬─┘              └───────┘   └───────┘
      ┌───┼───┐
   ┌──┴─┐ ┌──┴─┐
   │銷售成本│ │銷售費用│
   └────┘ └────┘
   ┌────┐ ┌────┐
   │管理費用│ │財務費用│
   └────┘ └────┘
   ┌────┐ ┌────┐
   │ 稅金 │ │營業外支出│
   └────┘ └────┘
```

圖 6-2　杜邦分析系統圖

2. 提高股東權益報酬率的途徑

在杜邦分析系統中，淨資產收益率是一個綜合性極強、最有代表性的財務比率，它是杜邦分析系統的核心。企業財務管理的重要目標就是實現股東財富的最大化，淨資產收益率恰恰反應了股東投入資金的盈利能力，反應了企業籌資、投資和生產營運等各方面經營活動的效率。根據杜邦分析系統，淨資產收益率的高低取決於銷售淨利率、總資產週轉率和權益乘數。所以，提高淨資產收益率可以從以下幾個途徑入手：

（1）提高銷售淨利率

從企業的銷售活動來看，一方面，企業應積極開拓市場，改善經營結構，擴大銷售量，提高銷售收入；另一方面，企業應降低各種成本費用，合理安排成本結構。這樣才能使淨利潤的增長高於銷售收入的增長，從而使銷售淨利率得到提高。

（2）提高總資產週轉率

從企業的資產管理來看，一方面，企業應調整資產結構，使流動資產與非流動資產的比例合理。資產結構實際上反應了企業資產的流動性，它不僅關係到企業的償債能力，也會影響企業的盈利能力。另一方面，企業應加快資產週轉，降低資金的占用。資產週轉速度直接影響到企業的盈利能力，如果企業資產週轉較慢，就會占用大量資金，增加資本成本，減少企業的利潤。

（3）提高權益乘數

權益乘數反應了企業的籌資情況和企業利用財務槓桿的程度，即企業的資本結構。企業負債越多，權益乘數就越高。如果企業為負債所支付的利息低於資產息稅前利潤率，舉債經營就能發揮財務槓桿的積極作用，給股東帶來額外的收

益。此時舉債越多，股東取得的投資報酬就越多。當然，同時這也帶來了較大的財務風險。所以，在經營有利的情況下，企業開展適度的舉債經營，提高權益乘數，能達到提高淨資產收益率的目的。

杜邦分析法和其他財務分析方法一樣，關鍵不在於指標的計算而在於對指標的理解和運用。下面以某上市公司為例，說明如何運用杜邦分析法，揭示出企業過去的盈利能力及其變動原因，為經營管理者提高未來盈利能力應採取的措施指明方向。

```
                        淨資產收益率
                          23.02%
                            │
              ┌─────────────┴─────────────┐
          資產淨利率         ×        平均權益乘數
            7.55%                        3.049
              │
      ┌───────┴───────┐
   銷售淨利率    ×    總資產周轉率
     2.31%              3.27
       │                  │
   ┌───┴───┐          ┌───┴───┐
  淨利潤  ÷ 營業收入  營業收入 ÷ 平均總資產
1,037,328,533 44,839,622,985 44,839,622,985 13,712,422,931
   │
┌──┴──────────┐
營業收入 + 投資收益 − 總成本
44,839,622,985 −219,627,045 43,582,667,407
```

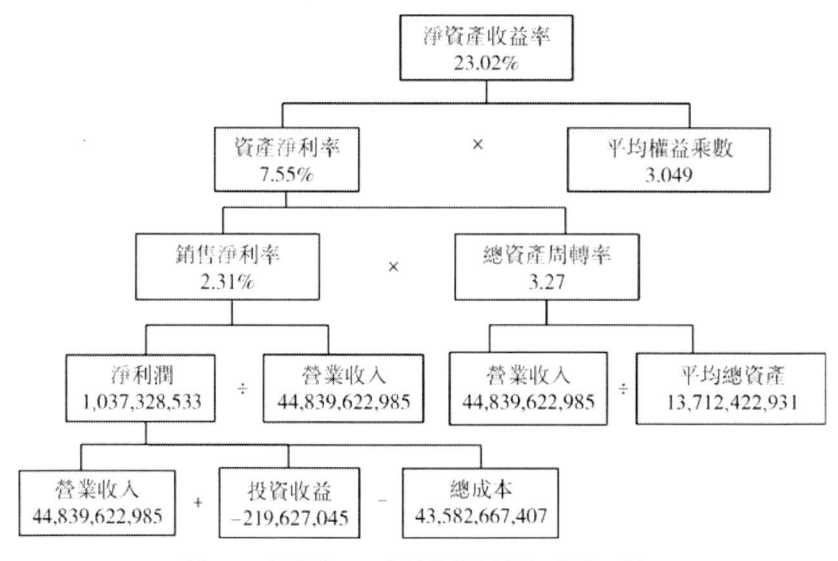

圖 6-3　某公司 2011 年的杜邦分析圖（單位：元）

```
                        淨資產收益率
                          20.42%
                            │
              ┌─────────────┴─────────────┐
          資產淨利率         ×        平均權益乘數
            7.78%                       2.624 7
              │
      ┌───────┴───────┐
   銷售淨利率    ×    總資產周轉率
     3.077%             2.53
       │                  │
   ┌───┴───┐          ┌───┴───┐
  淨利潤  ÷ 營業收入  營業收入 ÷ 平均總資產
1,646,011,687 53,492,052,403 53,492,052,403 21,143,103,716
   │
┌──┴──────────┐
營業收入 + 投資收益 − 總成本
53,492,052,403 −171,810,082 51,674,230,634
```

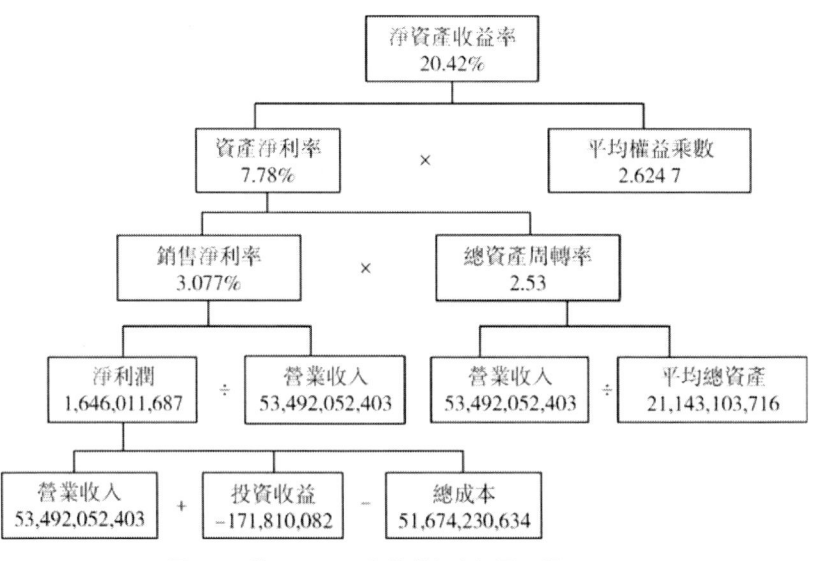

圖 6-4　某公司 2012 年的杜邦分析圖（單位：元）

表 6-4　　　　　　　　某公司 2011—2012 年主要財務指標　　　　　　　　單位：元

年度	淨資產收益率	資產淨利率	平均權益乘數	銷售淨利率	總資產週轉率	淨利潤	營業收入	總成本	投資收益
2011	23.02%	7.55%	3.049	2.31%	3.27	1,037,328,533	44,839,622,985	43,582,667,407	-219,627,045
2012	20.42%	7.78%	2.624,7	3.077%	2.53	1,646,011,687	53,492,052,403	51,674,230,634	-171,810,082
增減情況	-2.6%	+0.23%	-0.424,3	0.767%	-0.74	+608,683,154	+8,652,429,418	+8,091,563,227	+47,816,963
增減幅度	-11.29%	+3.04%	-13.92%	+33.20%	-22.63%	+58.68%	+19.3%	+18.57%	+21.77%

　　從表 6-4 可以看出，該公司 2012 年淨資產收益率與 2011 年相比下降主要是平均權益乘數和總資產週轉率下降所導致。該公司 2012 年的收入增長高於全部成本的增長幅度，再加上當期投資產生的虧損比上年有所減少，2012 年的淨利潤比 2011 年增長了 58.68%。但該公司在 2012 年盈利能力增強的同時，平均權益乘數下降了 13.92%，這說明負債資金在總資金中所占比重下降，該公司沒有發揮財務槓桿的積極作用。另外，2012 年的總資產週轉率比 2011 年下降了 22.63%，這意味著總資產的週轉速度變慢，資產利用效率降低。因此，該公司目前的盈利能力水平較高，能保持穩定的營業收入，總的發展保持平穩狀態，這是它的優勢。當前最為重要的就是在盈利能力較高的情況下，該公司要適度擴大舉債規模，充分利用財務槓桿，提高淨資產收益率；同時，研究資產的構成情況，使長短期資產合理搭配，避免不必要的資金占用；還要進一步分析主要資產項目的週轉率，找出導致總資產週轉率下降的主要資產項目及其原因，採取措施加快週轉率低的資產的週轉速度，從而提高總資產的週轉率和資金的利用效率，最終提高淨資產收益率。

7 企業人力資源管理方法

7.1 團隊建設與管理方法

7.1.1 團隊的組建

有這樣一個寓言故事：

從前，有一只可愛的兔子，在一個山洞口專心致志地打字。這時，一只狡猾的狐狸一蹦一跳地來到他的面前說：「兔子，你給我馬上放下你手裡的活，我要吃了你！」兔子鎮定地說：「你別著急，等我把這篇論文寫完，你再吃我也不遲。」狐狸非常奇怪：「你個小樣的，你能寫出什麼論文？」「我的論文題目是《兔子為什麼比狐狸更強大》。」兔子一本正經地說，「如果你不信，我可以證明給你看，請跟我來。」

他把狐狸領進山洞，狐狸再也沒有出來……

兔子繼續在山洞口打字，此時，又有一只狼跳到他的面前：「兔子，你給我住手，我要吃了你！」兔子又不慌不忙地說：「狼先生，請你等一會兒，等我把這篇論文寫完，你再吃我也不遲。」狼也非常詫異：「你能寫什麼論文？」兔子說：「我的論文題目是《兔子為什麼比狼更強大》。」兔子同樣對狼說，「如果你不信，我可以證明給你看。」

兔子又把狼領進山洞，狼也沒有出來……

過了一會兒，兔子和一只獅子走出了山洞，獅子打著飽嗝說：「我的兔子寶貝，你今天干得不錯，你讓我吃到了非常豐盛的美餐，謝謝！」

這個由兔子和獅子組成的團隊故事告訴我們，在團隊建設中，個體通過相互配合、相互作用形成合力，最終得以實現目標。

ERP沙盤模擬實訓雖說是模擬企業六年的經營，但盤面上的運作卻只有短短幾天的時間。一個臨時組成的管理團隊，能否在最短的時間內進入角色，並且在CEO的統一指揮下，各司其職，協調有效地運作，是決定模擬企業最終經營成果的關鍵要素。這就要求模擬企業在開始營運之前，建立一支優秀的團隊。

那麼，怎樣組建一支優秀的團隊呢？具體應該做到以下幾點：

1. 確立一個共同的目標

這個目標必須是團隊的全局目標，能夠和團隊的個人目標相一致。當個人的

目標和團隊目標一致的時候，可以使團隊的成員朝相同的方向努力，能夠激發每個團隊成員的積極性，並且使隊員行動一致。團隊要將總體的目標分解為具體的、可度量的、可行的行動目標。這些具體的目標和總體目標要緊密結合，並且要根據情況隨時進行相應的修正。

2. 選擇能力互補的團隊人員

在組建團隊中，必須明確完成任務、達成目標需要什麼樣的人才，並據此挑選合適的人選。一般來說，優秀的團隊是由優勢互補的成員組成的，成員之間分工明確，人職匹配。

3. 培養團隊成員協作共贏的團隊意識

團隊中的每個人每天的大部分時間都是和同事在一起的，切實加強同事之間的默契、關心，遇事多為他人著想，這樣更有利於構建團結、和諧的工作環境，造就優秀的高績效團隊。

4. 增進團隊成員的歸屬感和認同感

責任和挑戰是每個人工作的動力，但這種動力只有致力於部門的全局目標時，才能產生共振，才能取得更大成績。「積少成多」「集腋成裘」，集體的能量才是更強大的。只有每個人都能樹立強烈的團隊意識，對整個團隊有強烈的歸屬感和認同感，覺得我們就是一個整體，我們所做的每一件事、所說的每一句話都影響著我們的團體，這樣，才能對團隊負責，言行、工作才能從團隊的整體考慮。

5. 確定團隊領導

組建團隊時，不一定需要最高層參與，但是最好由高層領導派一名經驗豐富的助手參與，一方面是為了表示對團隊的重視，激發員工積極性；另一方面，便於團隊小組與外界的協調與交流。組建團隊並不意味著在每件事上都進行全面協商，由於團隊組織中的成員都有自己的鑽研方向，因而，在成員能自己做出最佳判斷及完成自己那份任務時，組長應對他加以信任，授予一定的權利，而不是事事加以干涉。

6. 建立有效的溝通機制，營造相互信任的組織氛圍

在日常工作中要保持團隊精神與凝聚力，溝通是一個重要環節。暢通的溝通渠道、頻繁的信息交流，使團隊的每個成員都不會有壓抑的感覺。要發揮「1+1>2」的團隊合作作用，建立團隊內部的溝通機制是必不可少的，除了組織大家一起開會溝通之外，還可採取筆頭形式或者團隊組長親自找每個成員的形式。在溝通時，要注意形成民主氛圍。從情感上相互信任，是一個組織最堅實的合作基礎，能給成員一種安全感，這樣成員才可能真正認同團隊，最終實現團隊目標。

7. 提升規章製度的執行力

為使團隊小組有效地發揮作用，團隊組織應建立一套激勵機制，充分調動成員的積極性及熱情，共同為達成目標而努力。規章製度的建立需要團隊中的每一名成員不折不扣地去執行，特別是團隊的領導者要帶頭執行好、落實好。典範作用是建立領導權威的最主要因素。領導者通過自身對規章製度、紀律的自覺執行，逐步建立起領導的威信，從而保證管理中組織、指揮的有效性，下級也會自

覺按照行為規範要求自己，形成團隊良好的風氣和氛圍。良好的激勵機制能使團隊作為一個整體，提高生產力及合作質量。

7.1.2 團隊管理方法

木桶理論是由美國著名的管理學家勞倫斯·彼得提出的，其內容大致為：一個由許多塊長短不同的木板箍成的木桶，決定其容水量大小的並非其中最長的那塊木板或全部木板長度的平均值，而是其中最短的那塊木板。因此，要想提高木桶整體效應，不是增加最長的那塊木板的長度，而是要下功夫補齊最短的那塊木板的長度。而隨後衍生的新木桶理論認為：一只木桶能夠裝多少水，不僅取決於每一塊木板的長度，還取決於木板間的結合是否緊密，以及這個木桶是否有堅實的底板。底板不但決定這只木桶能不能容水，還能限制容多大體積和重量的水，而木板間如果存在縫隙，或者縫隙很大，同樣無法裝滿水，甚至到最後一滴水都沒有。

現代企業的團隊管理與新木桶理論有著異曲同工之妙：一個團隊的戰鬥力，不僅取決於每一個成員的水平，也取決於成員與成員之間協作與配合的緊密度，同時團隊給成員提供的平臺也至關重要。

團隊能夠做出多大的成績，主要取決於三方面的因素：第一、團隊中每個成員自身的素質水平；第二、團隊成員之間相互團結協作的能力；第三、團隊給其成員所能提供的展示平臺。借鑑「新木桶理論」的內涵，可通過採用各種措施對上述三個限制性因素進行調整，以增強團隊的整體實力，進而提高團隊的工作績效。

1. 正確看待團隊成員的自身素質水平

在團隊管理過程中，儘管主管部門對團隊成員進行了一系列篩選，但是成員的素質水平還是不一樣的，因此在工作任務安排的過程中，正確對待不同素質水平的成員對團隊的整體發展有著至關重要的影響。

遵循「補短板」原則，提高水平較低團隊成員的素質與能力。「木桶原理」指出桶的盛水量取決於最短的那塊木板，為了增加木桶的盛水量，就需要加長短板。對於團隊管理來說，對工作能力最弱的成員最明智的做法是對他們的關注和關愛，而不是一味地讓他們承擔責任以及對他們排斥與批評，應該創造條件和機會讓他們盡快提高自身素質，融入團隊中。

遵循「拉長板」原則，進一步提升高水平成員的工作能力。在社會競爭中，一個團隊想要在競爭中取得全面性競爭優勢是不太現實的。因此，對於團隊中的高素質成員，要充分集中他們的優勢，形成團隊自己的鮮明特點，培養團隊的差異化優勢。

從木桶理論的基本原則來看，在團隊管理中應將「補短板」與「拉長板」並重，充分發揮每位成員的能力。一個團隊，在不斷加長「短板」讓團隊均衡發展的同時，還要注意「拉長板」形成團隊的差異化優勢，這樣才能使團隊在競爭中處於優勢地位。

2. 加強成員間的團結協作，增強團隊的凝聚力

「新木桶理論」告訴我們，即使構成木桶的各個木板都一樣高，但是如果木板間有縫隙，那麼木桶的盛水量還不如沒有縫隙而有短板的木桶。由此可見，團隊的凝聚力、團隊成員間的團結協作是非常重要的。對於一個團隊來講，成員的專業背景、年齡、工作習慣等各不相同，每個成員都可能會有這樣或那樣的缺點，但只要這些成員能夠相互配合、協作，取長補短形成成員間的優勢互補，達到最佳的協調狀態，那麼每個成員自身的缺點是毫不影響整個團隊的完美的。

在「新木桶理論」中，箍桶原理也是其重要組成內容。桶箍是各木板間緊密有效連接的保證。沒有桶箍，那就只能是一堆木板而形不成一只木桶。桶箍的好壞直接影響著木桶質量。如果桶箍太鬆，木板間會有縫隙，那麼木桶就會漏水；如果桶箍太緊，超出木板所能承受的強度，木桶就會裂開。因此，在進行團隊管理時，要加強內部管理控製，但要注意控製得鬆緊適度，既要讓團隊成員團結在一起，又不能造成相互之間的矛盾衝突。

有效、合理地對團隊成員進行控製，加強團隊成員之間的協作，同時發揮團隊成員的主動性是高效完成團隊事務的重要條件。

3. 重視團隊的基礎平臺建設

一只沒有桶底的木桶肯定是無法盛水的，而一只桶底不結實的木桶，在其盛水量不斷增加時，就會因為承受不了增大的壓力而破損。因此，一只木桶能盛多少水取決於木桶桶底的承受力，即桶底制約著木桶盛水量的增長。在團隊中，團隊的基礎管理——團隊的製度建設和行為規範就猶如桶底。一般情況下，任何團隊都有相對完善的管理製度，但能夠徹底執行製度的團隊卻寥寥無幾，團隊建設絕不能忽視自身的製度建設與製度的執行。在完善的製度下，團隊成員共同思考，統一行動，形成一種行為習慣，這種習慣經過昇華，會形成一種團隊精神，這種團隊精神會促進團隊的進一步發展。

7.2　團隊有效溝通的方法

7.2.1　團隊溝通的重要性

溝通是一種態度，是信息交換、意義傳達、表達感情的過程。溝通是團隊協作完成工作的必要手段，是就雙方的意見進行交流，並在交流的基礎上達成一致的過程。

團隊成員間和諧的關係有利於團隊任務的完成，而他們之間的溝通則有利於關係的建立和維持。溝通是實踐各項管理職能的主要方式、方法、手段和途徑。溝通不僅存在於橫向的管理活動的全部過程，而且更存在於縱向的管理活動的各個層次。當團隊的運行或管理出現了問題，部門之間、領導者之間、成員之間必須通過良好的有效溝通，才能找準癥結，通過分析、討論、確定方案，及時將問題解決。溝通是創造和提升團隊精神和企業文化，實現共同目標的主要途徑和工具。顯然，溝通是維持團隊良好的狀態，保證團隊正常運行的關鍵過程與行為。

在 ERP 沙盤模擬實訓中，銷售、生產、採購、財務各個部門之間的工作環環緊扣、息息相關，這就需要 CEO 和各職能主管之間加強溝通、協作配合。如果缺乏溝通，勢必造成各自為政、效率低下的局面，而無效的溝通往往會導致爭論不休、決策失誤的後果。因此，運用積極有效的溝通技巧，發揮每位成員的影響力，培養成員之間的信任，在團隊協作中至關重要。

7.2.2　團隊溝通的有效方法

在溝通過程中，人們會經常被置於兩難的境地：他們一方面想通過這一過程滿足需求，而另一方面又害怕與人溝通。在一個團隊中，不同的人對不同的事物有不同的理解，再加上複雜的人際關係，就使得溝通更加複雜。如果團隊中有一個人不同意你的看法，那其他人的態度又會如何？我們知道，團隊溝通的目的在於每個成員能分攤領導職能，追求目標。在這一過程中，我們必須使用各種溝通技巧，如語言的、非語言的、傾聽的以及各種提問等。任務、信息和團隊目標越複雜，溝通技巧對團隊的成功就越重要。具體來說，團隊有效溝通的方法包括以下幾種：

第一，讓傾聽者產生反饋行為，進行語言溝通。溝通的最大障礙在於成員誤解或者對管理者的意圖理解得不準確。在工作過程中，我們可能常常遇到這種現象，管理者對下屬布置工作時往往說得口干舌燥、滔滔不絕，但結果卻出現了溝通漏鬥問題，即心中想的是 100%，嘴裡說出來變成 80%，對方聽到 60%，聽懂 40%，接納 20%。事實上，這種溝通問題通過有效的方法是完全可以避免的。如果管理者在與下屬溝通結束後，特意加上一句話：「你明白我的意思嗎？」要求下級對上級布置的任務進行復述，在下屬復述的過程中，上級要及時指出下級理解錯誤的地方，通過這樣的雙向交流，可以加強下級對上級的正確理解，糾正認識上的偏差。

第二，溝通要有多變性。團隊中的成員由於年齡、性別、受教育程度、專業，以及工作分工的不同，便存在對同一句話、一份文件或其他東西理解上的千差萬別，所謂「仁者見仁、智者見智」，不同閱歷的人想問題的角度、出發點及所站的立場也不同。因此，溝通要變得有效，需講求語言的方式。「到什麼山上唱什麼山歌」「入鄉隨俗」或許讓你感到有些難以適從，但是，你必須學會調整狀態，適宜地改變交流方式。多樣性的語言有助於團隊成員進行對話及深入交流，達到溝通目的。

第三，要學會積極傾聽，做忠實的聽眾。溝通是一個雙向的行為，溝通雙方一個要善於表達，一個要善於傾聽，通過雙方溝通、傾聽、反饋、再溝通、傾聽、反饋的循環交流過程，才能明確溝通的主題和問題的解決辦法。溝通就是一個互動的過程，溝通的雙方只有積極配合，才能使溝通的目的得到實現。當溝通的一方興致勃勃、繪聲繪色向對方講一個故事或傳達一個好消息時，傾聽一方的反應卻是心不在焉，那麼溝通者的講話興趣必定會大打折扣，因為對方的反應讓你覺得他對你的話題不感興趣，你的「話匣子」因此而「合」住，溝通便變得不順暢，出現人為的阻礙。為了使信息及時、有效地在雙方之間傳遞，必須學會傾

聽，在對方有意與你進行溝通時，可以採用非語言溝通，如：用積極的目光註視對方，在他講述的過程中適時地點點頭，適當的面部表情，不要看表和翻閱文件，更不要拿著筆亂畫亂寫，並且向他提問你所不明白的地方，這樣會讓他認為你在關注他的話，你的重視，會增強他的訴說欲，他也會樂意向你提供更多的信息，你在此溝通過程中也能準確、完整地得到他想給你傳達的信息。

第四，做好溝通前的準備工作，明確溝通內容。缺乏溝通前的準備工作，勢必造成溝通過程中「東扯葫蘆西扯瓢」的局面，既浪費了雙方的工作時間，又不利於問題的解決。因此有效的溝通要有清晰的溝通主線，明確的溝通主題。事先安排好溝通提綱，先講什麼，後說什麼，做到心中有數。同時，還要講求溝通的藝術性，比如說管理者與下屬溝通工作中，首先要考慮到人的心理承受能力，先肯定其成績和好的方面，再指出其不足及改進方向等。

第五，在溝通過程中，要注意減少溝通的層級。因為參與信息傳遞者越多，信息失真性越大，因此，溝通雙方最好是直接面談，這樣才能使信息及時、有效地傳遞，達到溝通的目的。

7.3　人力資源衝突的類型與處理方法

7.3.1　人力資源衝突的類型

所謂人力資源，是指一定時期內，組織擁有的能夠被企業所用的，且能夠創造價值的教育、能力、技能、經驗、體力等的總稱。知識、技巧、態度是影響工作進行的三個重要因素，其中態度扮演著帶動的角色。據此，人力資源衝突可以分為知識導致的瓶頸衝突、技能導致的瓶頸衝突、態度導致的瓶頸衝突三種類型，如圖 7-1 所示。

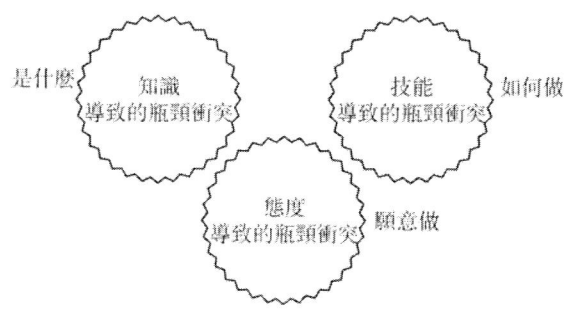

圖 7-1　人力資源衝突的類型

1. 知識導致的瓶頸衝突

知識導致的瓶頸衝突是指個人因知識結構和文化背景不同、知識面過於狹窄，無法融入團隊交流之中，從而引發的衝突。化解此類衝突的方法是大量閱讀，擴大自己的知識面，提高自己的知識量，瞭解不同地域與民族的文化習慣。

2. 技能導致的瓶頸衝突

技能導致的瓶頸衝突是指因個人能力有限或技能不足，無法勝任某項工作而引發的衝突。人力資源管理衝突中最有效的法則是借力原則，即借助別人的力量達到自身想要的結果。孔子曾曰「敏而好學，不恥下問」，在企業中，如果技能遭遇了瓶頸，無法勝任工作時，就要悉心向周圍的人請教，學習他人長處，以彌補自身的不足。

3. 態度導致的瓶頸衝突

態度是對外界事物的內在感受、情感和意向。簡而言之，就是願意做或者不願意做，其中，願意做是發自內心的，不願意做是被迫的。在現實生活中，以抱怨、冷漠、虛偽、傲慢等負面態度與人交往，勢必會被他人排斥和厭惡，從而引發衝突。在理論上，借力是管理人力資源衝突的有效方式。但在實踐中，單獨依靠借力來解決人手過少問題，會增加人力成本和個人的工作壓力，從而導致新的衝突產生。

化解態度導致的瓶頸衝突的方式是跨越工作以外的標準，超越對方的期待。作為一名管理者，不能僅在工作需要的時候才與員工接觸，要以真誠、平和的態度與員工溝通交流，融入他們的圈子，與他們建立超越工作之外的友情。只有這樣，員工才能從內心深處認可、尊敬管理者，即使承擔的工作量過大，也不會有太多的怨言。

7.3.2 人力資源衝突的處理方法

通常，人力資源衝突的處理方式有五種，如圖7-2所示。這些方式是以對自我的關注度和對其他人的關注度高低來進行劃分的。要滿足你自己利益的願望，依賴於你追求個人目標的武斷程度，而想滿足其他人利益的願望取決於你合作的程度。五種人際衝突處理方式代表了武斷性和合作性的不同組合。

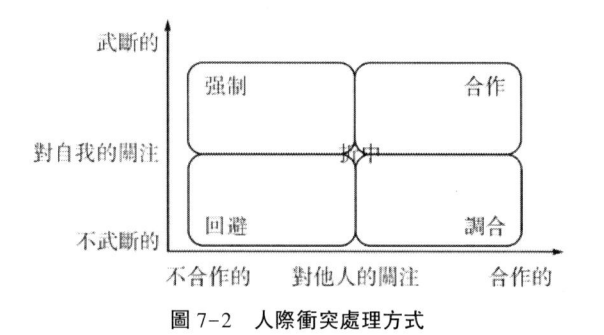

圖7-2 人際衝突處理方式

1. 迴避方式

迴避方式是指不武斷和不合作的行為。個體運用這種方式來遠離衝突、忽視爭執，或者保持中立。迴避方式通常表現為以下描述：

- 我通常不會說出會引起爭議的觀點。
- 我避開那些引起我與朋友們爭論的問題。

- 如果有規則，我引用規則。如果沒有，我讓其他人自由做出他的決策。
- 不管怎樣，那都不重要，我們不必畫蛇添足。

當尚未解決的衝突影響到目標的實現，迴避方式將導致對組織的消極結果。然而，這種方式在某些情況下可能是適當的，比如：

① 問題很細小或者只有短暫的重要性、不值得耗費時間和精力去面對衝突時；

② 沒有足夠的信息來有效地處理衝突時；

③ 個體的權力對其他人而言太小以至於無法導致變革時；

④ 其他人可以更有效地解決衝突時。

2. 強制方式

強制方式是指武斷和不合作的行為，即運用強制方式達到他們自己的目標而不考慮其他人。這一方式將幫助個體獲得個人目標，但是就像迴避方式一樣，強制傾向會導致他人不利的評價。強制方式通常由以下的描述來闡明：

- 在爭執中我堅持己見。
- 我極力使他人讚同我的主張。
- 我喜歡直截了當，無論對方是否喜歡，都按我說的去做。
- 在爭論開始後，我通常堅持自己對某個問題的解決方案。

強制傾向的個體認為衝突解決意味著非贏即輸。當處理下屬或部門之間的衝突時，強制方式的管理者會威脅或實際運用降級、解雇、否定的績效評價，或通過其他懲罰來獲得服從。當同事之間發生衝突時，運用強制方式的員工將通過向管理者求助來盡量按照自己的主張行事。

雖然強制解決衝突可能會帶來一定的負面效應，但在某些情境下強制方式可能是必要的，包括：

① 緊急情況需要迅速做出行動時；

② 為了組織的長期有效和生存必須採取不受歡迎的行動時；

③ 個體需要採取行動來保護自我和阻止他人利用自己時。

3. 調合方式

調合方式是指合作和不武斷的行為，即對其他人的願望表示服從，以尋求雙方關係的長期穩固，具體表現可以表述如下：

- 如果可以使其他人高興，我完全讚成。
- 我寧願犧牲個人目標來維持與對方的良好關係。
- 我認為我們的分歧並非原則性的重大問題，可以通過尋求共同之處來緩和衝突。

調和方式表示出了對衝突的情感方面的關注，但僅僅通過掩飾個體情感來解決衝突，效果並不是最佳。只有當以下情況發生時，調合方式在短期內會比較有效：

① 個體處於潛在情感衝突情境中，並用掩飾來使情境變得安全時；

② 在短期內保持協調和避免分裂格外重要時；

③ 衝突主要基於個體的人格而且不能輕易消除時。

4. 合作方式

合作方式是指強的合作和武斷性的行為，即運用合作方式的個體想使共同的結果最大化。對這種方式的描述如下：

● 我告訴其他人我的想法，積極主動地獲得他們的觀點，同時尋找一個對雙方有益的方案。
● 我喜歡提出新的並建立在已表達觀點的基礎上的方案。
● 我努力深入研究一個問題以找出對我們大家都有利的方案。

在以下情況下，合作方式是最為有效的衝突解決方式：

① 通過個體差異來開展工作往往要消耗額外的時間和精力，而合作可以形成「1+1>2」的效應時；

② 個體中有充分的權力均勢且能夠相互影響，無須顧及他們之間的正式上下級關係時；

③ 從長遠來看，雙方有通過雙贏的過程來解決爭議並互利互惠的潛力時；

④ 有充分的組織支持，以投入必要的時間和精力來用這種方式解決爭端時。

5. 折中方式

折中方式是指中等水平的合作和武斷性的行為，即個體進行平等交換並做出一系列的讓步，是一種被廣泛使用和普遍接受的解決衝突的方法。這種方法可以由下面的描述來予以說明：

● 當他人想遷就我時，我對他們做出讓步。
● 退一步海闊天空，大家都折中一下。

一位同他人妥協折中的個體將更可能被積極地評價。對於折中方式的積極評價有很多解釋，包括：它基本上被視作一種合作性的「退讓」；它反應了一種實用主義的解決衝突的方法；它有助於為未來保持良好的關係。

折中方式之所以不能用來在衝突解決過程的早期有幾個原因。第一，相關的個體很可能在被宣稱的爭端上而不是實際的爭端上折中。衝突中提出的第一個爭端往往不是真正的爭端，所以過早的折中將妨礙對真正爭端的全面分析或探究。第二，接受一個最初的主張比尋找一個使所有相關的個體都滿意的方案要簡單得多。第三，當折中不是可以得到的最好決策時，它對所有或部分的情境是不適合的。進一步的討論會揭示一個解決衝突的更好的方法。

與合作方式相比，折中方式沒有使雙方的滿意最大化，僅僅獲得部分的滿意，因此，只有在衝突雙方達成一致時採用較為合適。

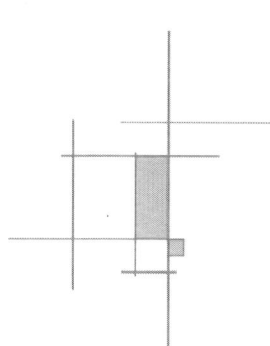

第三篇　實戰篇

8 模擬企業概況

8.1 模擬企業簡介

8.1.1 模擬企業經營概況

在 ERP 沙盤模擬課程中,模擬企業是一個生產製造型的企業,其生產產品用 P 表示,即 P 系列產品:P1、P2、P3 和 P4。該企業長期以來一直專注於某行業 P 產品的生產與經營,目前 P1 產品在本地市場具有一定知名度和市場份額,且企業擁有自己的廠房和設備。最近,一家權威機構對該行業的發展前景進行了預測,認為 P 產品將會從目前的相對低技術水平產品發展為一個高技術產品。為了適應技術發展的需要,公司董事會及全體股東決定將企業交給一批優秀的新人去發展(模擬經營者),他們希望新的管理層能完成以下工作:

①投資新產品的開發,促進公司的產品多樣化,提升市場地位;
②開發本地市場以外的其他新市場,進一步拓展市場領域;
③擴大生產規模,採用現代化生產手段,努力提高生產效率;
④加強團隊建設,提高組織效率,增強企業的凝聚力與競爭力。

簡而言之,隨著 P 產品從一個相對低水平產品發展為高技術水平產品,新的管理團隊必須要創新經營、專注經營,才能達成公司董事會及全體股東的期望,實現良好的經營業績。

8.1.2 模擬企業經營環境

目前,該企業生產製造的產品幾乎全部在本地銷售,董事會和股東認為在本地以外以及國外市場上的機會有待發展,董事會希望新的管理層去開發這些市場。同時,產品 P1 在本地市場知名度很高,然而要進一步提升市場地位,企業必須投資新產品開發。在生產設施方面,目前的生產設施狀態良好,但是在發展目標的驅使下,預計必須投資額外的生產設施。具體方法可以是建新的廠房或將現有的生產設施現代化。

在行業發展狀況方面,P1 產品由於技術水平低,雖然近幾年需求較旺,但未來將會逐漸下降。P2 產品是 P1 的技術改進版,雖然技術優勢會帶來一定增長,但隨著新技術出現,需求最終會下降。P3、P4 為全新技術產品,發展潛力很大。

據權威機構調研預測，未來 6 年各個市場需求和產品價格將呈現較大的差異。下面我們根據不同的目標市場進行詳細分析。

1. 本地市場分析

如圖 8-1 所示（左圖縱坐標表示數量，橫坐標表示年份；右圖縱坐標表示價格，橫坐標表示年份），本地市場將會持續發展，客戶對低端產品的需求可能會下滑。伴隨著需求的減少，低端產品的價格很有可能會逐步走低。後幾年，隨著高端產品的成熟，市場對 P3、P4 產品的需求將會逐漸增大。同時隨著時間的推移，客戶的質量意識將不斷提高，後幾年可能會對廠商是否通過 ISO9000 認證和 ISO14000 認證有更多的要求。

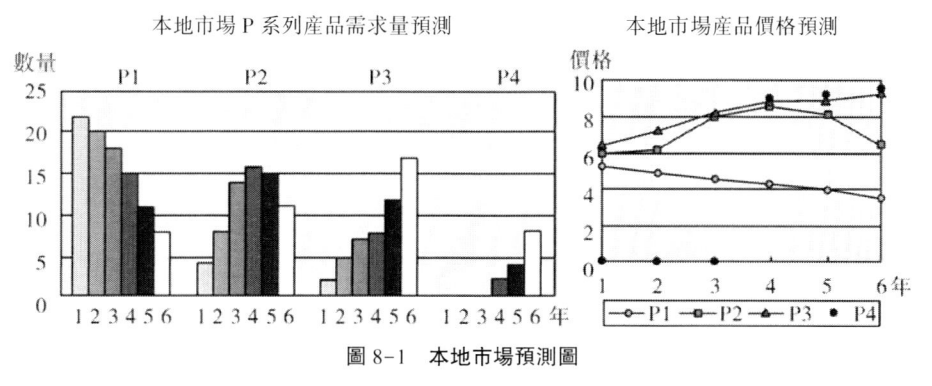

圖 8-1 **本地市場預測圖**

2. 區域市場分析

如圖 8-2 所示，區域市場的客戶對 P 系列產品的喜好相對穩定，因此，市場需求量的波動也很有可能會比較平穩。因其緊鄰本地市場，所以產品需求量的走勢可能與本地市場相似，價格趨勢也大致一樣。該市場的客戶比較樂於接受新的事物，因此對於高端產品也會比較有興趣。但由於受到地域的限制，該市場的需求總量非常有限。並且這個市場上的客戶相對比較挑剔，因此，在以後幾年，客戶會對廠商是否通過了 ISO9000 認證和 ISO14000 認證有較高的要求。

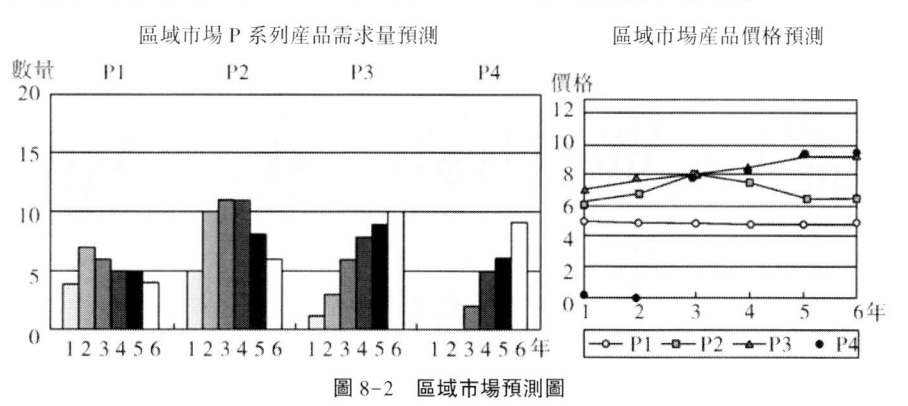

圖 8-2 **區域市場預測圖**

3. 國內市場分析

如圖 8-3 所示，因為 P1 產品帶有較濃的地域色彩，估計國內市場對 P1 產品不會有持久的需求。但 P2 產品因為更適合於國內市場，所以估計需求會一直比較平穩。隨著對 P 系列產品新技術的逐漸認同，估計對 P3 產品的需求會發展較快，但這個市場上的客戶對 P4 產品卻並不是那麼認同。當然，對於高端產品來說，客戶一定會更注重產品的質量保證。

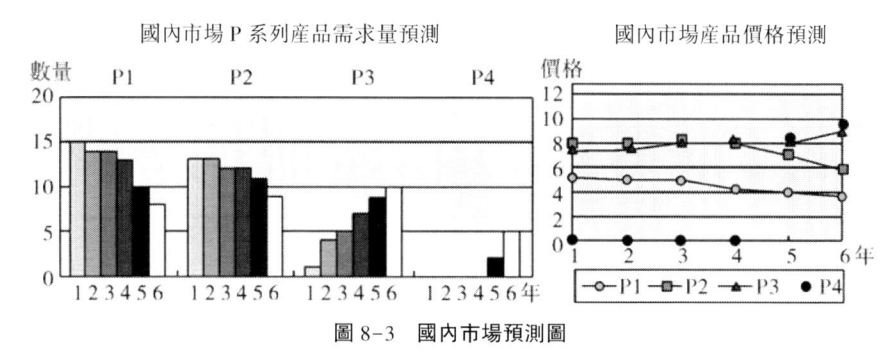

圖 8-3　國內市場預測圖

4. 亞洲市場分析

如圖 8-4 所示，這個市場上的客戶喜好一向波動較大，不易把握，所以對 P1 產品的需求可能起伏較大，估計 P2 產品的需求走勢也會與 P1 相似。但該市場對新產品很敏感，因此估計對 P3、P4 產品的需求會發展較快，價格也可能不菲。另外，這個市場的消費者很看重產品的質量，所以在以後幾年裡，如果廠商沒有通過 ISO9000 和 ISO14000 的認證，其產品可能很難銷售。

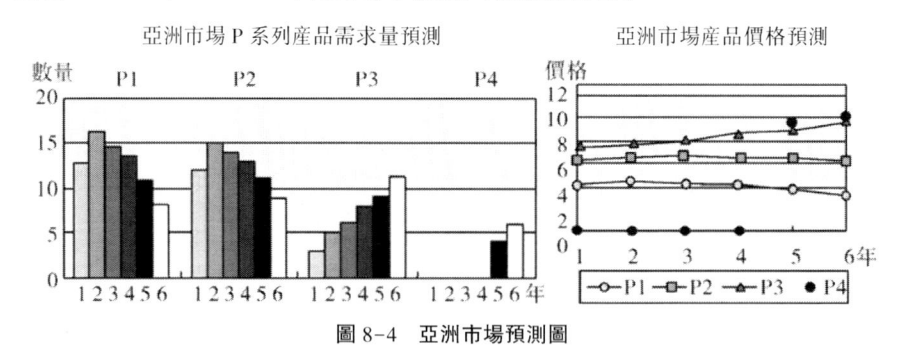

圖 8-4　亞洲市場預測圖

5. 國際市場分析

如圖 8-5 所示，企業進入國際市場可能需要一個較長的時期。有跡象表明，目前這一市場上的客戶對 P1 產品已經有所認同，需求也會比較旺盛。對於 P2 產品，客戶將會謹慎地接受，但仍需要一段時間 P2 產品才能被市場所接受。對於新興的技術，這一市場上的客戶將會以觀望為主，因此對 P3 和 P4 產品的需求將會發展極慢。因為產品需求主要集中在低端產品，所以客戶對於 ISO 國際認證的要求並不如其他幾個市場那麼高，但也不排除在後期會有這方面的需求。

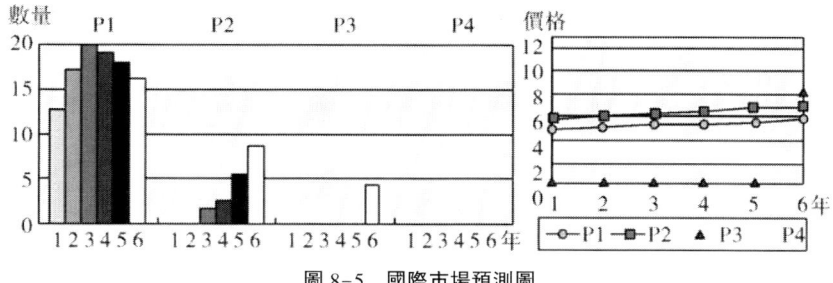

國際市場 P 系列產品需求量預測　　　　　國際市場產品價格預測

圖 8-5　國際市場預測圖

8.1.3　模擬企業財務狀況

在上屆決策者的帶領下，企業取得了一定的成績，其具體情況如表 8-1 利潤表和表 8-2 資產負債表所示。

表 8-1　　　　　　　　　　　利潤表　　　　　　　　　單位：百萬元

項　目	上 年 數	本 年 數
銷售收入	35	
直接成本	12	
毛利	23	
綜合費用	11	
折舊前利潤	12	
折舊	4	
支付利息前利潤	8	
財務收入／支出	4	
其他收入／支出		
稅前利潤	4	
所得稅	1	
淨利潤	3	

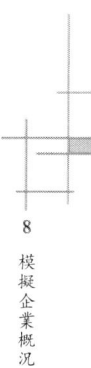

表 8-2　　　　　　　　　　　　　　資產負債表　　　　　　　　　　單位：百萬元

資　　產	期初數	期末數	負債和所有者權益	期初數	期末數
流動資產：			負債：		
現金	20		長期負債	40	
應收款	15		短期負債		
在製品	8		應付帳款		
成品	6		應交稅費	1	
原料	3		一年內到期的長期負債		
流動資產合計	52		負債合計	41	
固定資產：			所有者權益：		
土地和建築	40		股東資本	50	
機器與設備	13		利潤留存	11	
在建工程			年度淨利	3	
固定資產合計	53		所有者權益合計	64	
資產總計	105		負債和所有者權益總計	105	

8.2　經營團隊組建

8.2.1　組建高效的團隊

在 ERP 沙盤模擬實訓中，所有參與學員將被分成若干個團隊，團隊是由少數有互補技能，願意為了共同的目的而相互承擔責任的個體組成的群體。而在每個團隊中，各學員分別擔任 CEO、財務總監、營銷總監、生產總監和採購總監等職位。在經營過程中，團隊的合作是必不可少的。要想打造一支高效的團隊，應注意以下幾點：

1. 目標明晰

在 ERP 沙盤模擬中，經營團隊的共同目標就是實現模擬企業所有者權益的最大化，也就是將淨利潤做到最大化。具體可根據模擬營運的期限，先確立模擬企業發展的總目標，再分解到每一年和每一季度具體如何營運。

2. 能力互補

一個優秀的團隊需要每位成員具備相應的專業領域素養和能力，並形成互補。

作為總經理（CEO），需要有獨特的創新能力、敏銳的預見能力、果斷的決策能力和良好的組織溝通能力。作為財務總監（CFO），應當心思細密，沉著謹慎，精通財務知識，嚴格控制成本，善於制訂融資計劃，管理現金流量等。作為營銷總監，應當具有敏銳的市場嗅覺和分析能力，正確把握廣告投入，制訂銷售

計劃，爭取訂單與談判，按時交貨等。作為生產總監，應具備先進的生產知識，對於研發產品、估算產能、管理庫存、編制生產計劃等工作能夠得心應手。作為採購總監，要能夠根據生產計劃合理安排企業的採購計劃。

3. 團隊協作

各學員應該按照各自的職位職責進行經營活動，在把自己的工作做好的同時，還要相互配合，相互溝通。比如採購總監應該負責原材料的採購，如果出現差錯，直接會影響到以後的生產，而生產的產品數量又影響到交單的情況。值得強調的是，每位成員一定要配合財務總監的工作。在 ERP 沙盤模擬演練中，最為普遍的問題就是報表做不平。造成這一現象的原因有兩方面：一是財務總監缺乏經驗或財務知識不充分，做帳時思路混亂，邏輯不清；二是各角色沒有嚴格按照企業營運流程運作，各自為政，導致盤面錯誤，帳自然也不平。所以，一個小環節的疏漏，可能會導致滿盤皆輸。

8.2.2 職能定位

在模擬企業中主要設置五個基本職能部門（可根據學員人數適當調整），其主要職責如表 8-3 所示。

表 8-3　　　　　　　　　　主要職位職責明細表

總經理	財務總監	營銷總監	生產總監	採購總監
制定發展戰略	日常財務記帳和登帳	市場調查分析	產品研發管理	編制採購計劃
競爭格局分析	向稅務部門報稅	市場進入策略	管理體系認證	供應商談判
經營指標確定	提供財務報表	品種發展策略	固定資產投資	簽訂採購合同
業務策略制定	日常現金管理	廣告宣傳策略	編制生產計劃	監控採購過程
全面預算管理	企業融資策略制定	制訂銷售計劃	平衡生產能力	倉儲管理
管理團隊協同	成本費用控制	爭取訂單與談判	生產車間管理	採購支付抉擇
企業績效分析	資金調度與風險管理	按時交貨	成品庫存管理	與財務部協調
管理授權與總結	財務分析與協助決策	銷售績效分析	產品外協管理	與生產部協同

1. 首席執行官/總經理（CEO）

在「ERP 沙盤模擬」實訓中，CEO 負責制定和實施公司總體戰略與年度經營計劃，主持公司的日常經營管理工作，實現公司經營管理目標和發展目標。

企業所有的重要決策均由 CEO 帶領團隊成員共同決定，如果大家意見相左，由 CEO 拍板決定。做出有利於企業發展的戰略決策是 CEO 的最大職責，同時 CEO 還要負責控製企業按流程運行。

2. 財務總監（CFO）

在企業中，財務與會計的職能常常是分離的。會計主要負責日常現金收支管理、定期核查企業的經營狀況，核算企業的經營成果，制定預算及對成本數據的分類和分析。財務主要負責資金的籌集、管理；做好現金預算，管好、用好資金。在「ERP 沙盤模擬」實訓中，財務總監要參與企業重大決策方案的討論，如設備投資、產品研發、市場開拓、ISO 資格認證、購置廠房等，並與 CEO、營銷

總監、生產總監、採購總監協作配合。

在受訓者較少時，將上述兩大職能歸並到財務總監身上，統一負責對企業的資金進行預測、籌集、調度與監控。在受訓者人數允許時，增設主管會計（財務總監助理）分擔會計職能。

3. 營銷總監/銷售總監（CSO）

營銷總監所擔負的責任主要是開拓市場、實現銷售。為此，營銷總監應結合市場預測及客戶需求制訂銷售計劃，有選擇地進行廣告投放，取得與企業生產能力相匹配的客戶訂單，與生產部門做好溝通，保證按時交貨給客戶，監督貨款的回收，進行客戶關係管理。

營銷總監還可以兼任商業間諜的角色和任務，因為他最方便監控競爭對手的情況，比如對手正在開拓哪些市場、未涉足哪些市場、他們在銷售上取得了多大的成功、他們擁有哪類生產線、生產能力如何等。充分瞭解市場，明確競爭對手的動向有利於今後的競爭與合作。

4. 生產總監（PM）

生產總監既是生產計劃的制訂者和決策者，又是生產過程的監控者，對企業目標的實現負有重大的責任。他的工作是通過計劃、組織、指揮和控制等手段實現企業資源的優化配置，創造最大經濟效益。

在 ERP 沙盤模擬實訓中，生產總監負責指揮生產營運過程的正常進行、生產設備的維護與設備變更處理、管理成品庫等工作。在本實訓中，生產能力往往是制約企業發展的重要因素，因此生產總監要有計劃地擴大生產能力，以滿足市場競爭的需要。

5. 採購總監（PD）

採購是企業生產的首要環節。採購總監負責各種原料的及時採購和安全管理，確保企業生產的正常進行；負責編制並實施採購供應計劃，分析各種物資供應渠道及市場供求變化情況；進行供應商管理和原材料庫存的數據統計與分析。

在 ERP 沙盤模擬實訓中，採購總監負責制訂採購計劃、與供應商簽訂供貨合同、監督原料採購過程並按計劃向供應商付款、管理原料庫等具體工作，確保在合適的時間點，採購合適的品種及數量的物資。

6. 人力資源總監（HRD）

人力資源總監負責企業的人力資源管理工作，具體包括企業組織架構設計、崗位職責確定、薪酬體系安排、組織人員招聘、考核等工作。

人力資源總監不必單獨設置，可由 CEO 或 CEO 助理兼任，其主要工作是對每個受訓者的參與度與貢獻度進行考評，並以此作為學生實訓成績評定的重要依據之一。

7. 商業情報人員/商業間諜（CIO）

知己知彼，方能百戰百勝。閉門造車是不行的。商業情報工作在現代商業競爭中有著非常重要的作用，不容小覷。在受訓者人數較少時，此項工作可由營銷總監承擔；在人數較多時，可設專人協助營銷總監來負責此項工作。

8. 其他角色

在受訓者人數較多時，可適當增加財務助理、CEO 助理、營銷助理、生產助理等輔助角色，特別是財務助理很值得設。為使這些輔助角色不被邊緣化，應盡可能明確其所承擔的職責和具體任務。

確定好職能後，學員們應按圖 8-6 所示重新落座。

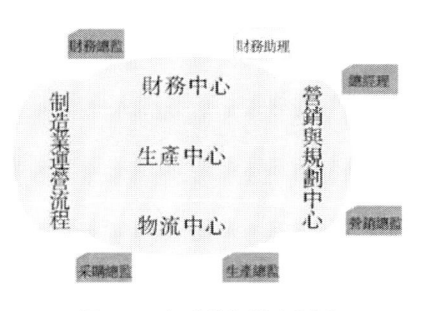

圖 8-6　各職能部門座位圖

8.2.3　公司成立及 CEO 就職演講

1. 公司命名

在公司成立之後，每個小組要召開第一次員工大會，大會由 CEO 主持。在這次會議中要為自己組建的公司命名。公司名稱對一個企業將來的發展而言至關重要，因為公司名稱不僅關係到企業在行業內的影響力，還關係到企業所經營的產品投放市場後，消費者對本企業的認可度；品牌名或公司名符合行業特點、有深層次的文化底蘊、為廣大消費者所熟知、具有獨創性時，企業的競爭力就明顯區別於行業內的其他企業，為打造知名品牌奠定了基礎。因此各小組要集思廣益，為自己的企業起一個響亮的名字。

2. 確定企業使命

企業使命英文表示為 MISSION，在企業遠景的基礎之上，具體地定義企業在全社會經濟領域中所經營的活動範圍和層次，具體地表述企業在社會經濟活動中的身分或角色。它包括的內容為企業的經營哲學，企業的宗旨和企業的形象。在第一次員工大會上，學員還要集體討論，確定企業的宗旨和企業形象等問題。

3. CEO 就職演講

小組討論結束後，由 CEO 代表自己的公司進行就職演講，闡述一下自己公司的使命與目標等，為下一步具體經營管理企業打下良好的基礎。

8.3　初始狀態設置

ERP 沙盤模擬不是從企業創建之初開始，而是接手一個已經營運了兩年的企業。雖然已經從前面的模擬企業基本概況描述中獲得了其營運基本信息，但還需要把這些枯燥的數字再現到沙盤的盤面上，為下一步的企業營運做好鋪墊。通過

初始狀態設置，學員能夠深刻地感受到財務數據與企業業務的關聯性，理解財務數據是對企業營運情況的一種總結提煉，為今後「透過財務看經營」做好觀念上的準備。

8.3.1 模擬企業初始盤面設置

1. 生產中心狀態

原材料訂單以空桶表示，原材料 R1、R2、R3、R4 分別以紅、橙、藍、綠四種顏色的彩幣表示，資金以灰幣表示，每一枚彩幣或灰幣的價值均為 1M。產品（或在製品）P1、P2、P3、P4 由彩幣和灰幣按以下公式構成：

$$P1 = R1 + 1M$$
$$P2 = R1 + R2 + 1M$$
$$P3 = 2R2 + R3 + 1M$$
$$P4 = R2 + R3 + 2R4 + 1M$$

企業擁有大廠房價值 40M；4 條生產線上分別有不同週期的 P1 在製品 1 個，每個價值 2M，共計 8M；手工生產線原值 5M，淨值 3M；半自動生產線原值 8M，淨值 4M；設備價值共計 13M。詳見圖 8-7 所示。

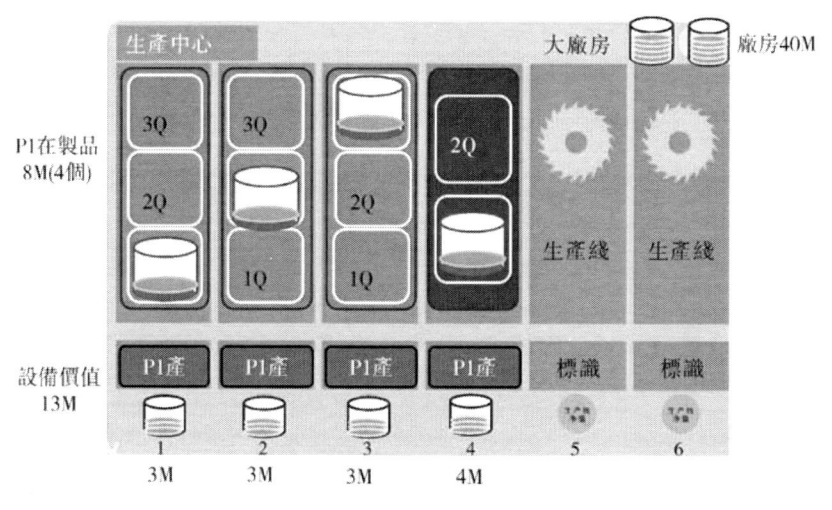

圖 8-7　生產中心初始狀態

2. 物流中心狀態

原料庫有 3 個 R1 原料，每個價值 1M；共計 3M，成品庫有 3 個 P1 產品已完工，每個價值 2M，共計 6M。已下 R1 原料訂單 2 個，用放在相應位置的空桶表示。詳見圖 8-8 所示。

3. 財務中心狀態

企業現有四五年的長期負債 40M，放置 2 個空桶來表示；有 3 帳期應收款為 15M；有現金資產 20M。詳見圖 8-9 所示。

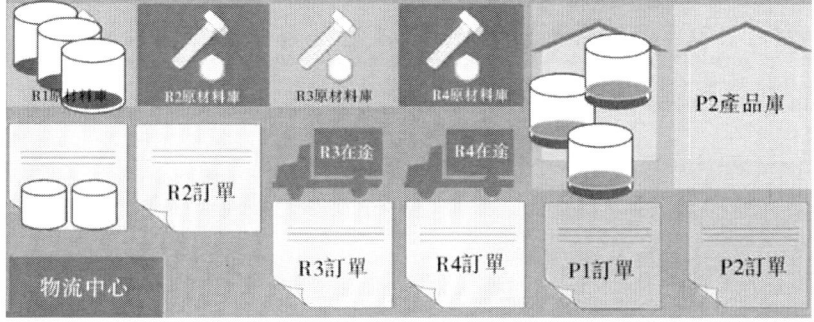

圖 8-8　物流中心初始狀態

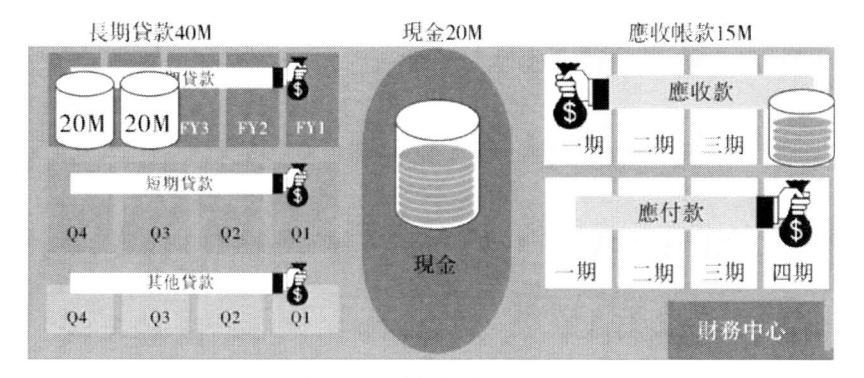

圖 8-9　財務中心初始狀態

企業目前的財務狀況及經營成果如表 8-4 和表 8-5 所示。

表 8-4　　　　　　　　　　　利潤表　　　　　　　　單位：百萬元

		金額
銷售收入	+	35
直接成本	-	12
毛利	=	23
綜合費用	-	11
折舊前利潤	=	12
折舊	-	4
支付利息前利潤	=	8
財務收入/支出	+/-	4
額外收入/支出	+/-	0
稅前利潤	=	4
所得稅	-	1
淨利潤	=	3

表 8-5　　　　　　　　　　　　　資產負債表　　　　　　　　　　　單位：百萬元

資產		金額	負債+權益		金額
現金	+	20	長期負債	+	40
應收款	+	15	短期負債	+	0
在製品	+	8	應付款	+	0
成品	+	6	應交稅	+	1
原料	+	3	一年到期的長貸	+	0
流動資產合計	=	52	負債合計	=	41
固定資產			權益		
土地和建築	+	40	股東資本	+	50
機器和設備	+	13	利潤留存	+	11
在建工程	+	0	年度淨利	+	3
固定資產合計	=	53	所有者權益合計	=	64
總資產	=	105	負債+權益	=	105

4. 營銷與規劃中心狀態

如前所述，企業已經取得 P1 產品的市場資格，並在本地市場具有一定知名度，未來企業將致力於研發 P2、P3、P4 中的一種或幾種，並逐步開發區域、國內、亞洲甚至國際市場中的一個或幾個。同時，鑒於部分訂單需要有 ISO9000 或 ISO14000 認證資格的企業方能獲得，因此，企業還應考慮取得 ISO9000 或 ISO14000 的資格認證。營銷與規劃中心的盤面情況如圖 8-10 所示。

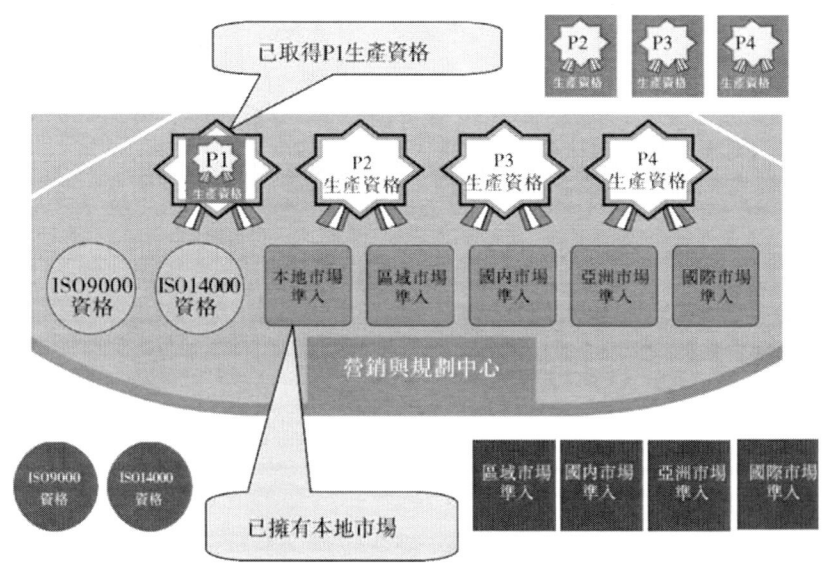

圖 8-10　營銷與規劃中心初始狀態

8.3.2 模擬企業財務狀況設置

1. 流動資產

流動資產是企業在一年或一個營業週期內變現或者耗用的資產，它主要包括貨幣資金、短期投資、應收款項和存貨等。在我們模擬的這個企業，流動資產分布如下（單位：1M＝1,000,000元）：

（1）現金。沙盤上有現金一桶，共計20M。

（2）應收款。沙盤上有應收款共計15M，帳期為3帳期。

（3）在製品。沙盤上4條生產線上分別有在不同生產週期的P1在製品1個，每個價值2M，共計8M。

（4）成品。沙盤上企業成品庫有3個P1產品已完工，每個價值2M，共計6M。

（5）原料。沙盤上企業原料庫有3個R1原料，每個價值1M，共計3M。

綜合以上5項，企業流動資產共計52M。

2. 固定資產

固定資產是指使用期限較長、單位價值較高，並且在使用過程中保持原有實物形態的資產。它包括房屋、建築物、機器設備和運輸設備等。在我們模擬的這個企業，固定資產分布如下：

（1）土地和建築。目前，沙盤上企業擁有一個大廠房，價值計40M。

（2）機器與設備。目前，沙盤上企業擁有手工生產線3條，每條原值5M，淨值為3M；半自動生產線1條，原值8M，淨值4M；因此機器與設備價值共計13M。

（3）在建工程。目前，企業沒有在建工程，也就是說沒有新生產線的投入或改建。綜合以上3項，企業固定資產共計53M。

3. 負債

企業負債可分為短期負債和長期負債。所謂短期負債是指在一年內或超過一年的一個營業週期內需用流動資產或其他流動負債進行清償的債務，而長期負債是指償還期限在一年或者超過一年的一個營業週期以上的債務。在我們模擬的這個企業，負債分布如下：

（1）長期負債。目前，企業經營盤面上，有四年到期的長期負債20M，五年到期的長期負債20M，放置2個空桶來表示，因此企業長期負債共計40M。

（2）短期負債。目前，企業沒有短期負債。

（3）應付帳款。目前，企業沒有應付帳款。

（4）應交稅費。根據納稅規則，目前企業有應交稅費1M。

綜合以上4項，企業負債共計41M。

4. 所有者權益

所有者權益是指企業投資者對企業資產的所有權，在數量上表現為企業資產減去負債後的差額。所有者權益表明企業的所有權關係，即企業歸誰所有。模擬企業當前的所有者權益分布如下：

(1) 股東資本。目前，企業股東資本為 50M。
(2) 利潤留存。目前，企業利潤留存為 11M。
(3) 年度淨利潤。本年度，企業淨利潤為 3M。

綜合以上 3 項，企業所有者權益共計 64M。經過所有初始狀態的設置後，沙盤盤面包括內容：大廠房，價值 40M；生產線 4 條，價值 13M；成品庫 3 個 P1，價值 6M；生產線 4 個 P1，價值 8M；原料庫 3 個 R1，價值 3M；現金價值 20M；應收款 3Q，價值 15M；長期負債共有 2 筆，價值均為 20M，帳期分別是 4Q 和 3Q。

9 模擬企業營運規則

企業的正常營運涉及籌資、投資、生產、營銷、研發、物流等各個方面，受到來自各個方面條件的制約，企業要不斷地提升自我贏得競爭，就必須熟練地掌握市場規則，並將其熟練地運用。所以在模擬經營決策之前，應該熟練掌握以下營運規則。

9.1 市場規則

9.1.1 市場准入與 ISO 認證規則

企業的生存和發展離不開市場這個大環境，誰贏得市場，誰就贏得了競爭。市場是瞬息萬變的，變化增加了競爭的對抗性和複雜性。

1. 市場細分與市場准入規則

所謂市場細分就是把市場分割成具有不同需求、性格或行為的購買群體，並針對每個購買群體採取單獨的產品營銷策略。在本實驗中，我們將市場按地域和產品類別進行了割分，市場分為本地市場、區域市場、國內市場、亞洲市場和國際市場，由於產品包括 P1、P2、P3、P4 四種產品，每個區域又分為 P1 市場、P2 市場、P3 市場、P4 市場。

在進入某個市場之前，都要花費一定的費用和時間來拓展市場，如市場調查、招聘人員等活動。由於各個市場地理位置和範圍不同，開發不同市場所需的時間和資金投入也不同。市場開拓完成之前，企業不能在該市場從事銷售活動。目前企業僅擁有 P1 產品的本地市場，有待開拓的市場還有區域市場、國內市場、亞洲市場、國際市場。各種市場的開拓費用和開拓週期等的相關規則如表 9-1 所示。

表 9-1　　　　　　　　　　市場准入規則

市場	開拓費用	持續時間	
區域	1M/年	1 年	開發費用按開發時間在年末平均支付，不允許加速投資。
國內	1M/年	2 年	
亞洲	1M/年	3 年	市場開發完成後，領取相應的市場准入證。
國際	1M/年	4 年	

值得注意的是，企業目前在本地市場經營，新市場包括區域、國內、亞洲、國際市場，不同市場投入的費用及時間不同。只有市場投入完成後方可在該市場投入廣告選單。市場資格獲準後仍需每年最少投入 1M 的市場維護費，否則視為放棄了該市場。

市場開發投資按年度支付，允許同時開發多個市場，但每個市場每年最多投資為 1M，不允許加速投資，但允許中斷。市場開發完成後持開發費用到指導教師處領取市場准入證，之後才允許進入該市場選單。

市場可以全部開拓，也可選擇部分市場進行開拓；市場開拓每年只能開拓一次，不能加速開拓；如果企業現金不足，可以隨時停止市場開拓，但已經付出的資金不能收回；停止開拓一段時間後如果想繼續開拓該市場，可以在以前投入的基礎上繼續追加投資。假如你對國際市場連續兩年投入了開拓費用，下一年你的資金不足了，你可以停止投入開拓費用，等資金充裕時可以再繼續投入。只有在該市場開拓全部完成並且投入廣告費用後，才能參與該市場的競單，否則不能參加競單。

2. ISO 認證規則

ISO 認證包括 ISO9000 和 ISO14000 的認證，隨著客戶對產品質量和環境保護問題的日益重視，ISO 認證在市場營銷中的地位越來越重要，其開發時間及所需投資情況如表 9-2 所示。

表 9-2　　　　　　　　　　ISO 認證開發時間及費用

管理體系	ISO9000	ISO14000
建立時間	≥2 年	≥3 年
所需投資	1M/年	1M/年

兩項認證投資可同時進行或延期，相應投資完成後領取 ISO 資格，研發投資與認證投資計入當年綜合費用。

9.1.2　廣告投放與訂單選取規則

（1）訂貨會年初召開，一年只召開一次。例如，如果在該年年初的訂貨會上只拿到 2 張訂單，那麼在當年的經營過程中，再也沒有獲得其他訂單的機會。

（2）廣告費分市場、分產品投放，訂單按市場、按產品發放。例如，企業擁有 P1、P2 的生產資格，在年初國內市場的訂貨會上只對 P1 投入了廣告費用，那麼在競單時，不能在國內市場上獲得 P2 的訂單。又如，訂單發放時，先發放本地市場的訂單，按 P1、P2、P3、P4 產品次序發放；再發放區域市場的訂單，再按 P1、P2、P3、P4 產品次序發放。

（3）廣告費每投入 1M，可獲得一次拿單的機會，另外要獲得下一張訂單的機會，還需要再投入 2M，以此類推，每多投入 2M 就擁有多拿一張訂單的機會。廣告費用計算組合為 $(1+2n)$ M（其中 n 為整數）。例如，在本地市場上投入 7M 廣告費，表示在本地市場上有 4 次拿單的機會，最多可以拿 4 張訂單。但是，最

終能拿到幾張訂單要取決於當年的市場需求和競爭狀況。

（4）銷售排名及市場老大規則。每年競單完成後，根據某個市場的總訂單銷售額排出銷售排名；排名第一的為市場老大，下年可以不參加該市場的選單排名而優先選單；其餘的公司仍按選單排名方式確定選單順序。

例如，P3 廣告亞洲市場投放單如表 9-3 所示。

表 9-3　　　　　　　　　　P3 廣告投放單

公司	P3 廣告費	ISO9000	ISO14000	廣告費總和	上年排名
A	1 M			1 M	1
B	2 M	1 M	1 M	4 M	2
C	2 M	1 M		3 M	4
D	5 M			5 M	3

亞洲市場 P3 選單的順序為：

第一，由 A 公司選單。雖然 A 公司投入 P3 產品的廣告費低於其餘 3 家公司，但其上年在亞洲市場上的銷售額排名第一，因此不以其投入廣告費的多少來選單，而直接優先選單。

第二，由 D 公司選單。投入 P3 的廣告費最高，為 5M。

第三，由 B 公司選單。雖然 B 公司在 P3 的產品廣告費上與 C 公司相同，但投入在亞洲市場上的總廣告費用為 4M，而 C 公司投入國際市場上的總廣告費用為 3M，因此，B 公司先於 C 公司選單。

第四，由 C 公司選單。雖然 C 公司投入的 P3 產品的廣告費用與 B 公司相同，但在亞洲市場上的總廣告費投入低於 B 公司，因此後於 B 公司選單。

（5）選單排名順序和流程。第一次以投入某個產品廣告費用的多少產生該產品的選單順序；如果該產品投入一樣，按本次市場的廣告總投入量（包括 ISO 的投入）進行排名；如果市場廣告總投入量一樣，按上年的該市場排名順序排名；如果上年排名相同，採用競標式選單，即把某一訂單的銷售價、帳期去掉，按競標公司所出的銷售價和帳期確定誰獲得該訂單（按出價低、帳期長的順序發單）。按選單順序先選第一輪，每公司一輪，只能有一次機會，選擇 1 張訂單。第二輪按順序再選，選單機會用完的公司則退出選單。P1 廣告國際市場如表 9-4 所示，P2 廣告國際市場如表 9-5 所示。

表 9-4　　　　　　　　　P1 國際市場廣告投放單

公司	P1 廣告費	ISO9000	ISO14000	廣告費總和	上年排名
A	3M			3M	2
B	1M	1M		4M	3
C	1M	1M		3M	5
D					4
E				1M	1

表 9-5　　　　　　　　　　P2 國際市場廣告投放單

公司	P2 廣告費	ISO9000	ISO14000	廣告費總和	上年排名
A				3M	2
B	1M			4M	3
C	1M			3M	5
D	1M	1M	1M	3M	4
E					1

國際市場 P1 選單的順序為：

第一，由 A 公司選單。在國際市場上，市場老大 E 公司沒有投入 P1 產品的廣告費，而 A 公司投入 P1 的廣告費最高，為 3M。

第二，由 B 公司選單。雖然 B 公司在 P1 的產品廣告費上與 C 公司相同，但投入在國際市場上的總廣告費用為 4M，而 C 公司投入國際市場上的總廣告費用為 3M，因此，B 公司先於 C 公司選單。

第三，由 C 公司選單。由於 C 公司投入的 P1 產品的廣告費用與 B 公司相同，但在國際市場上的總廣告費投入低於 B 公司，因此後於 B 公司選單。

第四，由 A 公司再選單。A 公司投入 P1 產品的廣告費組合為（1+2）M，因此獲得多一次的選單機會。

國際市場 P2 選單的順序為：

第一，由 B 公司選單。在國際市場上，市場老大 E 公司沒有投入 P2 產品的廣告費，雖然 B、C、D 公司在 P2 產品上投入的廣告費用相同，但在國際市場上的總廣告費投入 B 公司最高，因此最先選單。

第二，由 D 公司選單。雖然 D 公司在 P2 的產品廣告費上與 C 公司相同，且在國際市場上的總廣告費也與 C 公司相同，但在上年的經營過程中，D 公司排名第三，C 公司排名第四，因此，D 公司先於 C 公司選單。

第三，由 C 公司選單。雖然 C 公司在 P2 的產品廣告費上與 D 公司相同，且在國際市場上的總廣告費也與 D 公司相同，但在上年的經營過程中，D 公司排名第三，C 公司排名第四，因此，後於 D 公司選單。

（6）訂單種類。

第一類為普通訂單，在一年之內任何交貨期均可交貨，訂單上的帳期表示客戶收貨時貨款的交付方式。例如：0 帳期，表示採用現金付款；4 帳期，表示客戶付給企業的是 4 個季度的應收帳款。訂單樣圖如圖 9-1 所示。

第二類為加急訂單，第一季度必須交貨，若不按期交貨，會受到相應的處罰。

第三類為 ISO9000 或 ISO14000 訂單，要求具有 ISO9000 或 ISO14000 資格，並且在市場廣告上投放了 ISO9000 或 ISO14000 廣告費的公司，才可以拿單，且對該市場上的所有產品均有效。

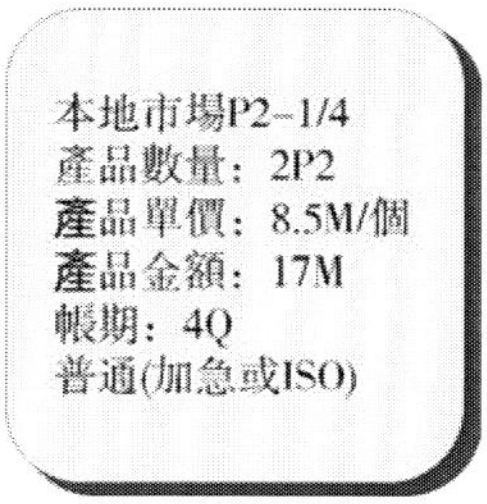

```
本地市場P2-1/4
產品數量：2P2
產品單價：8.5M/個
產品金額：17M
帳期：4Q
普通(加急或ISO)
```

圖 9-1　訂單樣圖

（7）交貨規則。必須按照訂單規定的數量整單交貨。

（8）違約處罰規則。所有訂單必須在規定的期限內完成（按訂單上的產品數量交貨），即加急訂單必須在第一季度交貨，普通訂單必須在本年度交貨等。如果訂單沒有完成，按下列條款加以處罰：

第一，下年市場地位下降一級（如果是市場第一的，則該市場第一空缺，所有公司均沒有優先選單的資格）。

第二，交貨時扣除訂單額25%（取整）作為違約金。

例如，A 公司在第 2 年時為本地市場的老大，且在本地市場上有一張訂單總額為 20M，但由於產能計算失誤，在第 2 年不能交貨，則在參加第 3 年本地市場訂貨會時喪失市場老大的訂單選擇優先權，並且在第 3 年該訂單必須首先交貨，交貨時需要扣除 5M（20M×25%）的違約金，只能獲得 15M 的貨款。

9.2　生產規則

9.2.1　生產線規則

ERP 沙盤模擬有四種不同的生產線：手工生產線、半自動生產線、全自動生產線和柔性生產線，它們在購置、安裝、生產、轉產與維護、出售等方面的規則如表 9-6 所示。

表 9-6　　　　　　　　　　　　生產線相關規則

生產線	購置費	安裝週期	生產週期	轉產週期	轉產費	維護費	殘值
手工線	5M	無	3Q	無	無	1M/年	1M
半自動	8M	2Q	2Q	1Q	1M	1M/年	2M
全自動	16M	4Q	1Q	2Q	4M	1M/年	4M
柔性線	24M	4Q	1Q	無	無	1M/年	6M

1. 生產線類型

（1）手工生產線。手工生產線是一種低技術含量的生產線，其優點是購置費用低，安裝週期短，生產靈活，在同一條生產線上生產不同產品時不需要轉產；缺點是生產週期長，生產效率低下，每條手工生產線一年的產能只有 $\frac{4}{3}$ 個產品。

(2) 半自動生產線。這類生產線技術較手工生產線更為先進，其購置費用、生產週期和安裝週期都居中，略高於手工生產線，但相比全自動和柔性生產線更低，其生產靈活性較差，同一條半自動生產線生產不同的產品時，需要一定的時間和費用進行轉產。

(3) 全自動生產線。一種高效率的先進生產線，其最大的優點是生產週期短，生產效率高，年產量達到 4 個產品。但與此同時，這種生產線購置費用高，安裝程序也較為複雜，需要的安裝週期較長，生產靈活性差，轉產所需時間和費用相對較高。

(4) 柔性生產線。一種靈活的高效率生產線，這種生產線的生產效率與全自動生產線相同，且具有很強的靈活性，同一條柔性生產線上生產不同的產品時無須轉產，因此其購置費用是所有生產線中最高的，安裝週期與全自動生產線一樣，長達一年時間。

2. 生產線新建

模擬企業可以根據市場需求和企業資源來投資新建生產線，以擴大生產規模，提高生產效率。

(1) 新建生產線的購置費不是一次性投入，而是按其安裝週期平均投入，全部投資到位的下一季度領取產品標示，開始生產。例如，新建一條全自動生產線，其購置費用為 16M，安裝週期為 4Q，則應按照每季度平均投入 4M，待資金全部到位，即累計投資達到 16M 後，該生產線建成方可用於產品生產。

(2) 新建生產線投資時允許中途暫停建設，恢復建設後，仍需按季完成全部投資方可投入使用。

(3) 半自動生產線和全自動生產線在建成時需要確定該生產線上生產的產品種類，並且只能選擇已經獲得生產資格的產品。

(4) 即使新建生產線全部建設資金都已到位，仍然可以讓生產線保持在建狀態，即允許新建成的生產線在下一個季度不馬上投入使用。

3. 生產線轉產

現有生產線轉產新產品時可能需要一定轉產週期並支付一定的轉產費用，最後一筆支付到期一個季度後方可更換產品標示。手工生產線和柔性生產線本身具有很好的靈活性，產品下線之後，可隨時更換下一批生產的產品種類，不需要進行轉產操作。但半自動生產線和全自動生產線則需要一定的時間和費用進行轉產，轉產時該生產線必須處於空閒狀態。例如，模擬企業準備將原本生產 P2 的全自動生產線轉為生產 P3，本年度第二季度該全自動生產線上的產品下線後，讓其處於空閒狀態 2Q，按每季支付 2M 轉產費，累計達到 4M 以後方可轉產生產 P3。

4. 生產線維護

(1) 四種不同類型的生產線建成之後需要進行維護，無論是生產中、轉產中或是停產中的生產線，每年年底都需要繳納 1M 的維護費用。

(2) 當年在建的生產線和當年出售的生產線不用交維護費。

例如，模擬企業現有三條手工生產線和一條半自動生產線，本年度第一季度

開始投資建設一條全自動生產線，該生產線在今年第四季度完成全部投資，下年第一季度可建成投產。該條生產線在今年年末處於在建狀態，不需要交維護費。同時，模擬企業在第四季度出售一條手工生產線，儘管這條手工生產線在今年內一直處於生產中，並於第一季度和第四季度分別下線一個產品，但由於其年末時已經出售，因此也不需要交維護費。

5. 生產線折舊

生產線作為企業的固定資產需要計提折舊，為了便於計算，採用平均年限法對生產線進行折舊，不同生產線各年度的折舊金額如表9-7所示。

表9-7　　　　　　　　　　生產線折舊規則

生產線	購置費	殘值	建成第1年	建成第2年	建成第3年	建成第4年	建成第5年
手工線	5M	1M	0	1M	1M	1M	1M
半自動	8M	2M	0	2M	2M	2M	0M
全自動	16M	4M	0	4M	4M	4M	0M
柔性線	24M	6M	0	6M	6M	6M	0M

生產線建成當年不提折舊，從建成第二年開始計提折舊，當累計折舊金額等於該生產線的原值扣除殘值的差額時，便不再計提折舊。從上表可知，手工生產線從建成第二年開始計提折舊，一共計提四年，從建成第六年開始不再計提；半自動、全自動和柔性生產線從建成第二年開始計提折舊，一共計提三年，從建成第五年開始不再計提。當生產線不再計提折舊時，不會影響其繼續使用。

6. 生產線出售

模擬企業可以出售不再需要的生產線，生產線出售時應遵循以下規則：

（1）出售生產線時，該生產線應處於空閒狀態，生產線上有產品時不能出售。

（2）出售生產線時，其出售價格均為該生產線的殘值。如果生產線淨值小於殘值，將淨值轉換為現金；如果生產線淨值大於殘值，將相當於殘值的部分轉換為現金，將差額部分作為損失計入綜合管理費用的其他項。

9.2.2　廠房規則

模擬企業生產需要相應的廠房來安置生產線，廠房購買、租賃與出售規則如表9-8所示。

表9-8　　　　　　　　　　廠房規則

廠房	買價	租金	售價	容量
大廠房	40M	5M/年	40M（4Q）	6條生產線
小廠房	30M	3M/年	30M（4Q）	4條生產線

（1）模擬企業可以購買或租賃廠房，每年年底即第四季度決定廠房是購買還是租賃。若購買廠房，購買後將購買價放在廠房價值處，廠房在使用過程中不提折舊，價值也不發生任何變化；若租賃廠房，租賃以年為單位，在年底支付一年的租金，第二年年底再支付下一年度的租金。

（2）模擬企業也可隨時出售已經購買的廠房，出售價格與購買價格相等，但不能即時獲得相應的現金，只能得到相應金額且帳期為 4Q 的應收帳款。企業如急需現金，必須貼現，應收帳款的貼現規則見 9.3.2 內容。

9.2.3 產品研發規則

模擬企業生產 P 系列產品，按照技術含量的高低分別為 P1、P2、P3 和 P4，其研發費用和研發時間隨著技術含量的遞增而遞增，除 P1 產品外，其餘產品的研發時間及研發費用見表 9-9 所示。

表 9-9　　　　　　　　　　產品研發相關規則

名稱	研發費用	開發週期
P2	1M/Q	6Q
P3	2M/Q	6Q
P4	3M/Q	6Q

（1）新產品研發投資可以同時進行，按季度平均支付或延期，資金短缺時可以中斷，但必須完成投資後方可接單生產。研發投資計入綜合費用，研發投資完成後持全部投資換取產品生產資格證。

（2）產品研發可以中斷或終止，但不允許超前或集中投入。已投資的研發費不能回收。如果開發沒有完成，企業不允許開工生產。

9.2.4 原料採購規則

模擬企業生產中可能用到的原材料有四種：R1、R2、R3、R4，在實驗中分別以紅、橙、藍、綠四種顏色的彩幣表示，不同種類的原材料購買價格相同，均為 1M/個。採購原材料必須提前下訂單，其中，R1、R2 需提前一個季度下訂單，R3、R4 需提前兩個季度下訂單，到期方可取料。如遇原材料不足需要緊急採購時，可通過組間交易獲得，組間交易價格由雙方協商，但不得低於原材料的原價。

9.2.5 產品構成規則

模擬企業生產不同產品的原材料及成本構成規則如表 9-10 所示。

表 9-10　　　　　　　　　　產品成本構成規則

產品名稱	成本構成		直接成本
	加工費	原材料構成	
P1	1M/個	R1	2M/個
P2	1M/個	R1+R2	3M/個
P3	1M/個	R2+R2+R3	4M/個
P4	1M/個	R2+R3+R4+R4	5M/個

產品的直接成本等於原材料成本加上產品加工費，不同產品的加工費用均為 1M/個，該費用在產品上線時支付。

9.3　融資規則

資金是企業一切經營活動的基礎。ERP 沙盤模擬中企業主要的融資渠道包括長期貸款、短期貸款、應收帳款貼現、高利貸、庫存或廠房出售等，其規則如表 9-11 所示。

表 9-11　　　　　　　　　融資方式及費用規則

貸款類型	貸款時間	貸款額度	年息	還款方式
長期貸款	每年年末	所有長貸和短貸之和不能超過上年權益的 2 倍	10%	年初付息，到期還本；每次貸款為 20 的倍數
短期貸款	每季度初		5%	到期一次還本付息；每次貸款為 20 的倍數
高利貸	任何時間	無額度限制	20%	到期一次還本付息
資金貼現	任何時間	視應收款額	1：6	變現時貼息，可按貼現金額收取 1/7 貼現息
庫存或廠房出售	系統交易：原材料 8 折，成品按成本價出售，廠房按原價出售 組間交易：由交易雙方在規定範圍內協商確定			

9.3.1　貸款規則

貸款是企業最常用的融資方式，ERP 沙盤模擬中的貸款方式包括長期貸款、短期貸款和高利貸三種方式。

（1）長期貸款期限為 5 年，每年年末貸款，申請額度必須為 20 的倍數。長期貸款借入當年不付利息，從第二年開始，每年年末按 10% 的年利率歸還利息，到期還本，本利雙清後，如果還有額度時，才允許重新申請貸款，即如果有貸款需要歸還，同時還擁有貸款額度時，必須先歸還到期的貸款，才能申請新貸款，不能以新貸還舊貸（續貸）。

（2）短期貸款期限為 1 年，每季度均可貸款，申請額度也必須為 20 的倍數，且所有長貸和短貸之和不能超過上年權益的 2 倍。短貸到期還本付息，同樣不能以新貸還舊貸（續貸）。

（3）高利貸期限為 1 年，任何時候都可貸款用以救急，申請額度也必須為 20 的倍數，到期還本付息，但按照扣分規則，每借一次高利貸將會被扣 3 分。

（4）所有貸款均不允許提前還款。

9.3.2　應收帳款貼現規則

應收帳款是企業出售產品形成的，當企業資金不足時，可通過貼現業務將未到期的應收帳款提前貼現轉化為現金使用，具體包括以下規則：

（1）應收帳款貼現時需要扣除一定的貼現費用，按照貼息：本金＝1：6 的比例進行繳納。例如，模擬企業欲將一筆帳期為 3Q、金額為 15M 的應收帳款進行貼現，那麼將收取 2M（15×1/7）的貼息，即可貼現 13M，放入現金庫，扣除的 2M 作為貼現利息計入財務費用。

（2）只要企業有應收帳款，隨時可以貼現，同季度的應收帳款可以合併貼現，不同季度的應收帳款不能合併貼現。

9.3.3　庫存或廠房出售規則

當企業資金嚴重不足，面臨資不抵債即將破產的狀況時，企業還可以通過出售庫存原材料、產成品或者廠房來融資。其中，廠房出售的對象是系統，庫存出售的對象可以是系統，也可以是其他企業，具體規則如下：

（1）系統交易。企業可以隨時向系統出售原材料或產成品以獲取現金。原材料出售價格為原價 8 折，產成品出售價格為直接生產成本，若出售價格不是整數則向下取整。不同種類原材料出售時可合併計算其出售價格。例如，某企業向系統出售了 3 個 R1、2 個 R2 和 4 個 R3，計算出售價格時合併為出售 9 個原材料，得到 7M 現金。此外，若企業面臨嚴重的資金匱乏，也可以考慮向系統出售現有廠房，售價按廠房原價核算，售後再進行回租，以緩解當前資金壓力。

（2）組間交易。企業可以隨時進行原材料和產成品的組間交易，交易價格由雙方協商確定，但不得低於原材料或產成品的直接成本。

當出售庫存出現盈虧時，模擬企業可按以下兩種方式之一進行處理：第一，可將扣除相應成本後的盈虧部分計入利潤表中的「其他收支」項；第二，原材料組間交易的賣方將取得的款項計入當期的其他收入，原材料成本計入當期的其他支出。產品組間交易的賣方將取得的款項計入當期的銷售收入，產品的生產成本計入當期的直接成本。

9.4　破產規則

在企業經營期內，若出現所有者權益小於零（即資不抵債）或者現金斷流的情形時，即視為破產。破產後，企業仍可以繼續經營，但必須嚴格按照產能爭取訂單（每次競單前需要向裁判提交產能報告），嚴格按照明確的規定進行資金注入，破產的對抗參賽隊伍不參加最後的成績排名。

10 模擬企業營運實踐

在初次接觸 ERP 沙盤時,學員往往不知道該如何在沙盤上操作,常常出現手忙腳亂或者盤面與財務數據不匹配的情況。本章即結合前一章的企業營運規則,解決營運過程中的操作問題。

10.1 模擬企業年初經營

一年之計在於春。在一年之初,企業應當謀劃全年的經營,預測可能出現的問題和情況,分析可能面臨的問題和困難,尋找解決問題的途徑和辦法,使企業未來的經營活動處於掌控之中。為此,企業首先應當召集各位業務主管召開新年度規劃會議,初步制定企業本年度的投資規劃;接著,營銷總監參加一年一度的產品訂貨會,競爭本年度的銷售訂單;然後,根據銷售訂單情況,調整企業本年度的投資規劃,制訂本年度的工作計劃,開始本年度的各項工作。

10.1.1 新年度規劃會議

常言道:「預則立,不預則廢。」在開始新的一年經營之前,CEO 應當召集各位業務主管召開新年度規劃會議,根據各位主管掌握的信息和企業的實際情況,初步提出企業在新一年的各項投資規劃,包括市場和認證開發、產品研發、設備投資、生產經營等規劃。同時,為了能準確地在一年一度的產品訂貨會上爭取銷售訂單,還應當根據規劃精確地計算出企業在該年的產品完工數量,確定企業的可接訂單數量。

1. 新年度全面規劃

新年度規劃涉及企業在新的一年如何開展各項工作的問題。制定新年度規劃,可以使各位業務主管做到在經營過程中胸有成竹,知道自己在什麼時候該幹什麼,可以有效預防經營過程中決策的隨意性和盲目性,減少經營失誤;同時,在制定新年度規劃時,各業務主管已經就各項投資決策達成了共識,可以使各項經營活動有條不紊地進行,可以有效提高團隊的合作精神,鼓舞士氣,提高團隊的戰鬥力和向心力,使團隊成員之間更加團結、協調、和諧。

新年度全面規劃內容涉及企業的發展戰略規劃、投資規劃、生產規劃和資金籌集規劃等。要做出科學合理的規劃,企業應當結合目前和未來的市場需求、競爭對手可能的策略以及本企業的實際情況進行。在進行規劃時,企業首先應當對

市場進行準確的預測，包括預測各個市場產品的需求狀況和價格水平，預測競爭對手可能的目標市場和產能情況，預測各個競爭對手在新的一年的資金狀況（資金的豐裕和不足將極大地影響企業的投資和生產）。在此基礎上，各業務主管提出新年度規劃的初步設想，大家就此進行論證。最後，在權衡各方利弊得失後，做出企業新年度的初步規劃。企業在進行新年度規劃時，可以從以下方面展開：

（1）市場開拓規劃。企業只有開拓了市場才能在該市場銷售產品。企業擁有的市場決定了企業產品的銷售渠道。開拓市場投入資金會導致企業當期現金的流出，增加企業當期的開拓費用，減少當期的利潤。所以，企業在制定市場開拓規劃時，應當考慮當期的資金情況和所有者權益情況。只有在資金有保證，減少的利潤不會對企業造成嚴重後果（比如，由於開拓市場增加費用而減少的利潤使企業所有者權益為負數）時才能進行。在進行市場開拓規劃時，企業應著重明確幾個問題：

① 企業的銷售策略是什麼？

企業可能會考慮哪個市場產品價格高就進入哪個市場，也可能是哪個市場需求大就進入哪個市場，也可能兩個因素都會考慮。企業應當根據銷售策略明確需要開拓什麼市場、開拓幾個市場。

② 企業的目標市場是什麼？

企業應當根據銷售策略和各個市場產品的需求狀況、價格水平、競爭對手的情況等明確企業的目標市場。

③ 什麼時候開拓目標市場？

在明確了企業的目標市場後，還涉及什麼時候進入目標市場的問題，企業應當結合資金狀況和產品生產情況明確企業目標市場的開拓時間。

（2）ISO 認證開發規劃。企業只有取得 ISO 認證資格，才能在競單時取得標有 ISO 條件的訂單。不同的市場、不同的產品、不同的時期，對 ISO 認證的要求是不同的，不是所有的市場在任何時候對任何產品都有 ISO 認證要求。所以，企業應當對是否進行 ISO 認證開發進行決策。同樣，要進行 ISO 認證，需要投入資金。如果企業決定進行 ISO 認證開發，也應當考慮對資金和所有者權益的影響。由於 ISO 認證開發是分期投入的，為此，在進行開發規劃時，企業應當考慮以下幾個問題：

① 開發何種認證？

ISO 認證包括 ISO9000 認證和 ISO14000 認證。企業可以只開發其中的一種或者兩者都開發。到底開發哪種，取決於企業的目標市場對 ISO 認證的要求，取決於企業的資金狀況。

② 什麼時候開發？

認證開發可以配合市場對認證要求的時間來進行。企業可以從有關市場預測的資料中瞭解市場對認證的要求情況。一般而言，時間越靠後，市場對認證的要求會越高。企業如果決定進行認證開發，在資金和所有者權益許可的情況下，可以適當提前開發。

（3）產品研發投資規劃。企業在經營前期，產品品種單一，銷售收入增長緩

慢。企業如果要增加收入，就必須多銷售產品。而要多銷售產品，除了銷售市場要足夠多之外，還必須要有多樣化的產品，因為每個市場對單一產品的需求總是有限的。為此，企業需要做出是否進行新產品研發的決策。企業如果要進行新產品的研發，就需要投入資金，同樣會影響當期現金流量和所有者權益。所以，企業在進行產品研發投資規劃時，應當注意以下幾個問題：

① 企業的產品策略是什麼？

由於企業可以研發的產品品種多樣，企業需要做出研發哪幾種產品的決策。由於資金、產能的原因，企業一般不同時研發所有的產品，而是根據市場的需求和競爭對手的情況，選擇其中的一種或兩種進行研發。

② 企業從什麼時候開始研發哪些產品？

企業決定要研發產品的品種後，需要考慮的就是什麼時候開始研發以及研發什麼產品的問題。不同的產品可以同時研發，也可以分別研發。企業可以根據市場、資金、產能、競爭對手的情況等方面來確定。

(4) 設備投資規劃。企業生產設備的數量和質量影響產品的生產能力。企業要提高生產能力，就必須對落後的生產設備進行更新，補充現代化的生產設備。要更新設備，需要用現金支付設備款。支付的設備款記入當期的在建工程，設備安裝完成後，增加固定資產。所以，設備投資支付的現金不影響當期的所有者權益，但會影響當期的現金流量。正是因為設備投資會影響現金流量，所以，在設備投資時，應當重點考慮資金的問題，防止出現由於資金問題而投資中斷，或者投資完成後由於沒有資金不得不停工待料等情況。企業在進行設備投資規劃時，應當考慮以下幾個問題：

① 新的一年，企業是否要進行設備投資？

應當說，每個企業都希望擴大產能、擴充新生產線、改造落後的生產線，但是，要擴充或更新生產線涉及時機的問題。一般而言，企業如果資金充裕，未來市場容量大，企業就應當考慮進行設備投資，擴大產能。反之，就應當暫緩或不進行設備投資。

② 擴建或更新什麼生產線？

由於生產線有手工、半自動、全自動和柔性四種，這就涉及該選擇什麼生產線的問題。一般情況下，企業應當根據資金狀況和生產線是否需要轉產等做出決策。

③ 擴建或更新幾條生產線？

如果企業決定擴建或更新生產線，還涉及具體的數量問題。擴建或更新生產線的數量，一般根據企業的資金狀況、廠房內生產線位置的空置數量、新研發產品的完工時間等來確定。

④ 什麼時候擴建或更新生產線？

如果不考慮其他因素，生產線可以在流程規定的每個季度進行擴建或更新，但是，實際運作時，企業不得不考慮當時的資金狀況、生產線完工後上線的產品品種、新產品研發完工的時間等因素。一般而言，如果企業有新產品研發，生產線建成的時間最好與其一致（柔性線和手工線除外），這樣可以減少轉產和空置

的時間。從折舊的角度看，生產線的完工時間最好在某年的第一季度，這樣可以相對減少折舊費用。

2. 確定可接訂單的數量

在新年度規劃會議以後，企業要參加一年一度的產品訂貨會。企業只有參加產品訂貨會，才能爭取到當年的產品銷售訂單。在產品訂貨會上，企業要準確拿單，就必須準確計算出當年的產品完工數量，據此確定企業當年甚至每一個季度的可接訂單數量。企業某年某產品可接訂單數量的計算公式為：

某年某產品可接訂單數量＝年初該產品的庫存量＋本年該產品的完工數量

公式中，年初產品的庫存量可以從沙盤盤面的倉庫中找到，也可以從營銷總監的營運記錄單中找到（實際工作中從有關帳簿中找到）。這裡，最關鍵的是確定本年產品的完工數量。

完工產品數量是生產部門通過排產來確定的。在沙盤企業中，生產總監根據企業現有生產線的生產能力，結合企業當期的資金狀況確定產品上線時間，再根據產品的生產週期推算產品的下線時間，從而確定出每個季度、每條生產線產品的完工情況。為了準確測算產品的完工時間和數量，沙盤企業可以通過編制「產品生產計劃」來進行。當然，企業也可以根據產品上線情況同時確定原材料的需求數量。這樣，兩者結合，既可確定產品的完工時間和完工數量，又可以確定每個季度原材料的需求量。我們舉例介紹該計劃的編制方法。

企業某年年初有手工生產線、半自動生產線和全自動生產線各一條（全部空置），預計從第一季度開始在手工生產線上投產 P1 產品，在半自動和全自動生產線上投產 P2 產品（假設產品均已開發完成，可以上線生產；原材料能滿足生產需要）。我們可以根據各生產線的生產週期編制產品生產及材料需求計劃。企業從第一季度開始連續投產加工產品，第一年第一季度沒有完工產品，第二季度完工 1 個 P2 產品，在第三季度完工 2 個 P2 產品，第四季度完工 1 個 P1 產品和 1 個 P2 產品。同時，我們還可以看出企業在每個季度原材料的需求數量。根據該生產計劃提供的信息，營銷總監可以據此確定可接訂單數量，採購總監可以據此作為企業材料採購的依據。

需要注意的是，在編制「產品生產及材料需求計劃」時，企業首先應明確產品在各條生產線上的投產時間，然後根據各生產線的生產週期推算每條生產線投產產品的完工時間，最後，將各條生產線完工產品的數量加總，得出企業在某一時期每種產品的完工數量。同樣，依據生產與用料的關係，企業根據產品的投產數量可以推算出各種產品投產時需要投入的原材料數量，然後，將各條生產線上需要的原材料數量加總，可以得到企業在每個季度所需要的原材料數量。採購總監可以根據該信息確定企業需要採購什麼、什麼時間採購、採購多少等。

10.1.2 參加訂貨會、支付廣告費、登記銷售訂單

銷售產品必須要有銷售渠道。對於沙盤企業而言，銷售產品的唯一途徑就是參加產品訂貨會，爭取銷售訂單。參加產品訂貨會需要在目標市場投放廣告費，只有投放了廣告費，企業才有資格在該市場爭取訂單。

在參加訂貨會之前，企業需要分市場、分產品在「競單表」上登記投放的廣告費金額。「競單表」是企業爭取訂單的唯一依據，也是企業當期支付廣告費的依據，應當採取科學的態度，認真對待。

一般情況下，營銷總監代表企業參加訂貨會，爭取銷售訂單。但為了從容應對競單過程中可能出現的各種複雜情況，也可營銷總監與 CEO 或採購總監一起參加訂貨會。競單時，應當根據企業的可接訂單數量選擇訂單，盡可能按企業的產能爭取訂單，使企業生產的產品在當年全部銷售。應當注意的是，企業爭取的訂單一定不能突破企業的最大產能，否則，如果不能按期交單，將給企業帶來巨大的損失。

沙盤企業中，廣告費一般在參加訂貨會後一次性支付。所以，企業在投放廣告時，應當充分考慮企業的支付能力。也就是說，投放的廣告費一般不能突破企業年初未經營前現金庫中的現金餘額。

為了準確掌握銷售情況，科學制訂本年度工作計劃，企業應將參加訂貨會爭取的銷售訂單進行登記。拿回訂單後，財務總監和營銷總監分別在任務清單的「訂單登記表」中逐一對訂單進行登記。為了將已經銷售和尚未銷售的訂單進行區分，營銷總監在登記訂單時，只登記訂單號、銷售數量、帳期，暫時不登記銷售額、成本和毛利，當產品銷售時，再進行登記。

10.1.3 制訂新年度計劃

企業參加訂貨會取得銷售訂單後，已經明確了當年的銷售任務。企業應當根據銷售訂單對前期制定的新年度規劃進行調整，制訂新年度工作計劃。新年度工作計劃是企業在新的一年為了開展各項經營活動而事先進行的工作安排，它是企業執行各項任務的基本依據。新年度工作計劃一般包括投資計劃、生產計劃、銷售計劃、採購計劃、資金籌集計劃等。沙盤企業中，當企業取得銷售訂單後，企業的銷售任務基本明確，已經不需要制訂銷售計劃了。這樣，企業的新年度計劃主要圍繞生產計劃、採購計劃和資金的籌集計劃來進行。

為了使新年度計劃更具有針對性和科學性，計劃一般是圍繞預算來制訂的。預算可以將企業的經營目標分解為一系列具體的經濟指標，使生產經營目標進一步具體化，並落實到企業的各個部門，這樣企業的全體員工就有了共同努力的方向。沙盤企業中，通過編制預算，特別是現金預算，可以在企業經營之前預見經營過程中可能出現的現金短缺或盈餘，便於企業安排資金的籌集和使用；同時，通過預算，可以對企業的規劃及時進行調整，防止出現由於資金斷流而破產的情況。

現金預算，首先需要預計現金收入和現金支出。實際工作中，現金收入和支出只能進行合理預計，很難進行準確測算。沙盤企業中，現金收入相對比較單一，主要是銷售產品收到的現金，可以根據企業的銷售訂單和預計交單時間準確估算。現金支出主要包括投資支出、生產支出、採購材料支出、綜合費用支出和日常管理費用支出等。這些支出可以進一步分為固定支出和變動支出兩部分。固定支出主要是投資支出、綜合費用支出、管理費用支出等，企業可以根據規則和

企業的規劃準確計算。變動支出是隨產品生產數量的變化而變化的支出，主要是生產支出和材料採購支出。企業可以根據當年的生產線和銷售訂單情況安排生產，在此基礎上通過編制「產品生產與材料需求計劃」，準確地測算出每個季度投產所需要的加工費。同時，根據材料需求計劃確定材料採購計劃，準確確定企業在每個季度採購材料所需要的採購費用。這樣，通過預計現金收入和現金支出，企業可以比較準確地預計企業現金的短缺或盈餘。如果現金短缺，就應當想辦法籌集資金。如果不能籌集資金，就必須調整規劃或計劃，減少現金支出。反之，如果現金有較多盈餘，可以調整規劃或計劃，增加長期資產的投資，增強企業的後續發展實力。

實際工作中，企業要準確編制預算，首先應預計預算期產品的銷售量，在此基礎上編制銷售預算，預計現金收入；之後，編制生產預算和費用預算，預計預算期的現金支出，最後編制現金預算。沙盤企業中，預算編制的程序與實際工作基本相同，但由於業務簡化，可以採用簡化的程序，即根據銷售訂單，先編制產品生產計劃，再編制材料採購計劃，最後編制現金預算。

1. 生產計劃

沙盤企業中，編制生產計劃的主要目的是確定產品投產的時間和投產的品種（當然也可以預計產品完工的時間），從而預計產品投產需要的加工費和原材料。生產計劃主要包括產品生產及材料需求計劃、開工計劃、原材料需求計劃等。

前面我們已經介紹，企業在參加訂貨會之前，為了準確計算新年產品的完工數量，已經根據自己的生產線情況編制了「產品生產及材料需求計劃」。但是，由於取得的銷售訂單可能與預計有差異，企業有時需要根據取得的銷售訂單對產品生產計劃進行調整，為此，就需要重新編制該計劃。然後，企業根據確定的新的「產品生產及材料需求計劃」，編制「開工計劃」和「材料需求計劃」。

「開工計劃」是生產總監根據「產品生產及材料需求計劃」編制的，它將各條生產線產品投產數量按產品加總，將分散的信息集中在一起，可以直觀看出企業在每個季度投產了哪些產品、分別有多少。同時，根據產品的投產數量，能準確確定出每個季度投產產品所需要的加工費。財務總監根據該計劃提供的加工費信息，將其作為編制現金預算的依據之一。下面舉例根據「產品生產及材料需求計劃」企業編制「開工計劃」。

假如從「產品生產及材料需求計劃」可以看出，企業在第一季度投產 1 個 P1、2 個 P2，共計投產 3 個產品。根據規則，每個產品上線需投入加工費 1M，第一季度投產 3 個產品，需要 3M 的加工費。同樣，企業根據產品投產數量可以推算出第二、三、四季度需要的加工費。

生產產品必須要有原材料，沒有原材料，企業就無法進行產品生產。企業要保證材料的供應，就必須事先知道企業在什麼時候需要什麼材料、需要多少。企業可以根據「產品生產及材料需求計劃」編制「材料需求計劃」，確定企業在每個季度所需要的材料。「材料需求計劃」可以直觀反應企業在某一季度所需要的原材料數量，採購總監可以據此訂購所需要的原材料，保證原材料的供應。

2. 材料採購計劃

企業要保證材料的供應，必須提前訂購材料。實際工作中，採購材料可能是現款採購，也可能是賒購。沙盤企業中，一般採用的是現款採購的規則。也就是說，訂購的材料到達企業時，企業必須支付現金。

材料採購計劃相當於實際工作中企業編制的「直接材料預算」，它是以生產需求計劃為基礎編制的。在編制材料採購計劃時，主要應當注意三個問題：

（1）訂購的數量。訂購材料的目的是保證生產的需要。如果訂購過多，占用了資金，就會造成資金使用效率的下降；如果訂購過少，則不能滿足生產的需要。所以，材料的訂購數量應當以既能滿足生產需要，又不造成資金的積壓為原則，盡可能做到材料零庫存。為此，應當根據原材料的需要量和原材料的庫存數量來確定原材料的訂購數量。

（2）訂購的時間。一般情況下，企業訂購的材料當季度不能入庫，要在下一季度或下下季度才能到達企業。為此，企業在訂購材料時，應當考慮材料運輸途中的時間，即材料提前訂貨期。

（3）採購材料付款的時間和金額。採購的材料一般在入庫時付款，付款的金額就是材料入庫應支付的金額。如果訂購了材料，就必須按期購買。當期訂購的材料不需要支付現金。

企業編制材料採購計劃，可以明確企業訂購材料的時間。採購總監可以根據該計劃訂購材料，防止多訂、少訂、漏訂材料，保證生產的需要。同時，財務總監根據該計劃可以瞭解企業採購材料的資金需要情況，及時納入現金預算，保證資金的供應。

下面舉例根據「材料需求計劃」，採購總監編制該企業的材料採購計劃。

假如從「材料需求計劃」中可以看出，企業在每個季度都需要一定數量的 R1 和 R2 原材料。根據規則，R1 和 R2 材料的提前訂貨期均為一個季度，也就是說，企業需要提前一個季度訂購原材料。比如，企業在本年第一季度需要 3 個 R1 和 2 個 R2，則必須在上年的第四季度訂購。當上年第四季度訂購的材料在本年第一季度入庫時，需要支付材料款 5M。同樣，企業可以推算在每個季度需要訂購的原材料以及付款的金額。據此，採購總監編制材料採購計劃。

3. 現金預算

企業在經營過程中，常常出現現金短缺的「意外」情況，使得正常經營不得不中斷，搞得經營者焦頭爛額。其實，仔細分析我們會發現，這種「意外」情況的發生不外乎兩方面的原因：第一，企業沒有正確編制預算，導致預算與實際嚴重脫節；第二，企業沒有嚴格按計劃進行經營，導致實際嚴重脫離預算。為了合理安排和籌集資金，企業在經營之前應當根據新年度計劃編制現金預算。

現金預算是有關預算的匯總，由現金收入、現金支出、現金多餘或不足、資金的籌集和運用四個部分組成。現金收入部分包括期初現金餘額和預算期現金收入兩部分。現金支出部分包括預算的各項現金支出。現金多餘或不足是現金收入合計與現金支出合計的差額。差額為正，說明收入大於支出，現金有多餘，可用於償還借款或用於投資；差額為負，說明支出大於收入，現金不足，需要籌集資

金或調整規劃或計劃，減少現金支出。資金的籌集和運用部分是當企業現金不足或富裕時，籌集或使用的資金。

沙盤企業中，企業取得銷售訂單後，現金收入基本確定。當企業當年的投資和主生產計劃確定後，企業的現金支出也基本確定，所以，企業應該能夠通過編制現金預算準確預計企業經營期的現金多餘或不足，可以有效預防「意外」情況的發生。如果企業通過編制現金預算發現資金短缺，而且通過籌資仍不能解決，則應當修訂企業當年的投資和經營計劃，最終使企業的資金滿足需要。

「現金預算表」的格式有多種，可以根據實際需要自己設計。這裡，我們介紹其中的一種，這種格式是根據沙盤企業的營運規則設計的。下面我們簡要舉例介紹「現金預算表」的編制。根據前面的資料，編制該企業該年的現金預算表。假設該企業有關現金預算資料如下：

年初現金：18M；
上年應交稅費：0；
支付廣告費：6M；
應收款到期：第一季度15M，第二季度8M，第三季度12M，第四季度18M；
年末償還長期貸款利息：4M；
年末支付設備維護費：4M。

投資規劃：從第一季度開始連續開發 P2 和 P3 產品，開發國內和亞洲市場，同時進行 ISO9000 和 ISO14000 認證，從第三季度開始購買安裝兩條全自動生產線。產品生產及材料採購需要的資金見前面的「開工計劃」和「材料採購計劃」。我們可以根據該規劃，結合生產和材料採購計劃，編制該企業的現金預算表，如表 10-1 所示。

表 10-1　　　　　　　　　現金預算表　　　　　　　　　單位：百萬元

項目	第一季度	第二季度	第三季度	第四季度
期初庫存現金	18	15	16	10
支付上年應交稅				
市場廣告投入	6			
支付短期貸款利息				
支付到期短期貸款本金				
支付到期的應付款				
支付原材料採購現金	5	2	4	3
支付生產線投資			8	8
支付轉產費用				
支付產品加工費用	3	1	2	2
收到現金前的所有支出	14	3	14	13
應收款到期收到現金	15	8	12	18

表10-1(續)

項目	第一季度	第二季度	第三季度	第四季度
支付產品研發投資	3	3	3	3
支付管理費	1	1	1	1
支付長期貸款利息				4
償還到期的長期貸款				
支付設備維護費用				2
支付租金				
支付購買廠房費用				
支付市場開拓費用				2
支付 ISO 認證費				2
其他				
現金收入合計	15	8	12	18
現金支出合計	18	7	18	27
現金多餘或不足	15	16		1
向銀行貸款				20
貼現收到現金				
期末現金餘額	15	16	10	21

　　從編制的現金預算表可以看出，企業在第一、二、三季度收到現金前的支付都小於或等於期初的現金，而且期末現金都大於零，說明現金能滿足需要。第三季度末，企業現金餘額為10M，也就是說，第四季度期初庫存現金為10M，但是，第四季度在收到現金前的現金支出為13M，小於可使用的資金，這樣，企業必須在第三或第四季度初籌集資金。因為企業可以在每季度初借入短期借款，所以，企業應當在第四季度初貸入20M的短期貸款。

　　綜上所述，企業為了合理組織和安排生產，在年初首先應當編制「產品生產及材料需求計劃」，明確企業在計劃期內根據產能所能生產的產品數量。營銷總監可以根據年初庫存的產品數量和計劃年度的完工產品數量確定可接訂單數量，並根據確定的可接訂單數量參加產品訂貨會。訂貨會結束後，企業根據確定的計劃年度產品銷售數量安排生產。為了保證材料的供應，生產總監根據確定的生產計劃編制「材料需求計劃」，採購總監根據生產總監編制的「材料需求計劃」編制「材料採購計劃」。財務總監根據企業規劃確定的費用預算、生產預算和材料需求預算編制資金預算，明確企業在計劃期內資金的使用和籌集。

10.1.4　支付應付稅

　　依法納稅是每個公民應盡的義務。企業在年初應支付上年應交的稅金。企業

按照上年資產負債表中「應交稅費」項目的數值交納稅金。交納稅金時，財務總監從現金庫中拿出相應現金放在沙盤「綜合費用」的「稅金」處，並在營運任務清單對應的方格內記錄現金的減少數。

10.2　模擬企業日常營運

企業制訂新年度計劃後，就可以按照營運規則和工作計劃進行經營了。沙盤企業日常營運應當按照一定的流程來進行，這個流程就是任務清單。任務清單反應了企業在運行過程中的先後順序，必須按照這個順序進行。

為了對沙盤企業的日常營運有一個詳細的瞭解，這裡，我們按照任務清單（見表10-2）的順序，對日常營運過程中的操作要點進行介紹。

表10-2　　　　　　　企業營運任務清單（1—6年）

企業經營流程 請按順序執行下列各項操作。	每執行完一項操作，CEO請在相應的方格內打「√」。 財務總監（助理）在方格中填寫現金收支情況。			
新年度規劃會議				
參加訂貨會/登記銷售訂單				
制訂新年度計劃				
支付應付稅				
季初現金盤點（請填餘額）				
更新短期貸款/還本付息/申請短期貸款（高利貸）				
更新應付款/歸還應付款				
原材料入庫/更新原料訂單				
下原料訂單				
更新生產/完工入庫				
投資新生產線/變賣生產線/生產線轉產				
向其他企業購買原材料/出售原材料				
開始下一批生產				
更新應收款/應收款收現				
出售廠房				
向其他企業購買成品/出售成品				
按訂單交貨				
產品研發投資				
支付行政管理費				
其他現金收支情況登記				
支付利息/更新長期貸款/申請長期貸款				

表10-2(續)

支付設備維護費				
支付租金/購買廠房				
計提折舊				( )
新市場開拓/ISO資格認證投資				
結帳				
現金收入合計				
現金支出合計				
期末現金對帳（請填餘額）				

10.2.1 季初盤點

為了保證帳實相符，企業應當定期對企業的資產進行盤點。沙盤企業中，企業的資產主要包括現金、應收帳款、原材料、在產品、產成品等流動資產，以及在建工程、生產線、廠房等固定資產。盤點的方法主要採用實地盤點法，就是對沙盤盤面的資產逐一清點，確定出實有數，然後將任務清單上記錄的餘額與其核對，最終確定出餘額。

盤點時，CEO指揮、監督團隊成員各司其職，認真進行。如果盤點的餘額與帳面數一致，各成員就將結果準確無誤地填寫在任務清單的對應位置。季初餘額等於上一季度末餘額，由於上一季度末剛盤點完畢，所以可以直接根據上季度的季末餘額填入。

操作要點如下：

(1) 財務總監：根據上季度末的現金餘額填寫本季度初的現金餘額。第一季度現金帳面餘額的計算公式：

年初現金餘額＝上年末庫存現金－支付的本年廣告費－
　　　　　　　支付上年應交的稅金＋其他收到的現金

(2) 採購總監：根據上季度末庫存原材料數填寫本季度初庫存原材料。
(3) 生產總監：根據上季度末庫存在產品數量填寫本季度初在產品數量。
(4) 營銷總監：根據上季度末產成品數量填寫本季度初產成品數量。
(5) CEO：在監督各成員正確完成以上操作後，在營運任務清單對應的方格內打「√」。

10.2.2 更新短期貸款/還本付息/申請短期貸款（高利貸）

企業要發展，資金是保證。在經營過程中，如果缺乏資金，正常的經營可能都無法進行，更談不上擴大生產和進行無形資產投資了。如果企業的經營活動正常，從長遠發展的角度來看，應適度舉債，「借雞生蛋」。

沙盤企業中，企業籌集資金的方式主要是長期貸款和短期貸款。長期貸款主要是用於長期資產投資，比如購買生產線、產品研發等，短期貸款主要解決流動

資金不足的問題，兩者應結合起來使用。短期貸款的借入、利息的支付和本金的歸還都是在每個季度初進行的。其餘時間要籌集資金，只能採取其他的方式，不能貸入短期貸款。

操作要點如下：

（1）財務總監，包括：

① 更新短期貸款。將短期借款往現金庫方向推進一格，表示短期貸款離還款時間更接近。如果短期借款已經推進現金庫，則表示該貸款到期，應還本付息。

② 還本付息。財務總監從現金庫中拿出利息放在沙盤「綜合費用」的「利息」處；拿出相當於應歸還借款本金的現金到交易處償還短期借款。

③ 申請短期貸款。如果企業需要借入短期借款，則財務總監填寫「公司貸款申請表」到交易處借款。短期借款借入後，放置一個空桶在短期借款的第四帳期處，在空桶內放置一張借入該短期借款信息的紙條，並將現金放在現金庫中。

④ 記錄。在「公司貸款登記表」上登記歸還的本金金額；在任務清單對應的方格內記錄償還的本金、支付利息的現金減少數；登記借入短期借款增加的現金數。

（2）CEO：在監督財務總監正確完成以上操作後，在營運任務清單對應的方格內打「√」。

10.2.3 更新應付款/歸還應付款

企業如果採用賒購方式購買原材料，就涉及應付帳款。如果應付帳款到期，必須支付貨款。企業應在每個季度對應付款進行更新。

操作要點如下：

（1）財務總監，包括：

① 更新應付款。將應付款向現金庫方向推進一格，當應付款到達現金庫時，表示應付款到期，必須用現金償還，不能延期。

② 歸還應付款。從現金庫中取出現金付清應付款。

③ 記錄。在任務清單對應的方格內登記現金的減少數。

（2）CEO：在監督財務總監正確完成以上操作後，在任務清單對應的方格內打「√」。本次實訓的規則中不涉及應付款，不進行操作，直接在任務清單對應的方格內打「×」。

10.2.4 原材料入庫/更新原料訂單

企業只有在前期訂購了原材料，在交易處登記了原材料採購數量的，才能購買原材料。每個季度，企業應將沙盤中的「原材料訂單」向原材料倉庫推進一格，表示更新原料訂單。如果原材料訂單本期已經推到原材料庫，表示原材料已經到達企業，企業應驗收入庫材料，並支付相應的材料款。

操作要點如下：

（1）採購總監，包括：

① 購買原材料。持現金和「採購登記表」在交易處買回原材料後，放在沙

盤對應的原材料庫中。

② 記錄。在「採購登記表」中登記購買的原材料數量，同時在任務清單對應的方格內登記入庫的原材料數量。

③ 如果企業訂購的原材料尚未到期，則採購總監在任務清單對應的方格內打「√」。

(2) 財務總監，包括：

① 付材料款。從現金庫中拿出購買原材料需要的現金交給採購總監。

② 記錄。在營運任務清單對應的方格內填上現金的減少數。

(3) CEO：在監督財務總監和採購總監正確完成以上操作後，在任務清單對應的方格內打「√」。

10.2.5　下原料訂單

企業購買原材料必須提前在交易處下原料訂單，沒有下訂單不能購買。下原料訂單不需要支付現金。

操作要點如下：

(1) 採購總監，包括：

① 下原料訂單。在「採購登記表」上登記訂購的原材料品種和數量，在交易處辦理訂貨手續；將從交易處取得的原材料採購訂單放在沙盤的「原材料訂單」處。

② 記錄。在任務清單對應的方格內記錄訂購的原材料數量。

(2) CEO：在監督採購總監正確完成以上操作後，在任務清單對應的方格內打「√」。

10.2.6　更新生產/完工入庫

一般情況下，產品加工時間越長，完工程度越高。企業應在每個季度更新生產。當產品完工後，應及時下線入庫。

操作要點如下：

(1) 生產總監，包括：

① 更新生產。將生產線上的在製品向前推一格。如果產品已經推到生產線以外，表示產品完工下線，將該產品放在產成品庫對應的位置。

② 記錄。在任務清單對應的方格內記錄完工產品的數量。如果產品沒有完工，則在營運任務清單對應的方格內打「√」。

(2) CEO：在監督生產總監正確完成以上操作後，在任務清單對應的方格內打「√」。

10.2.7　投資新生產線/變賣生產線/生產線轉產

企業要提高產能，必須對生產線進行改造，包括新購、變賣和轉產等。新購的生產線安置在廠房空置的生產線位置；如果沒有空置的位置，必須先變賣生產線。變賣生產線主要是出於戰略的考慮，比如將手工線換成全自動生產線等。如

果生產線要轉產，應當考慮轉產週期和轉產費。

操作要點如下：

1. 投資新生產線

（1）生產總監，包括：

① 領取標示。在交易處申請新生產線標示，將標示翻轉放置在某廠房空置的生產線位置，並在標示上面放置與該生產線安裝週期期數相同的空桶，代表安裝週期。

② 支付安裝費。每個季度向財務總監申請建設資金，放置在其中的一個空桶內。每個空桶內都放置了建設資金，表明費用全部支付完畢，生產線在下一季度建設完成。在全部投資完成後的下一季度，將生產線標示翻轉過來，領取產品標示，可以投入使用。

（2）財務總監，包括：

① 支付生產線建設費。從現金庫取出現金交給生產總監用於生產線的投資。

② 記錄。在營運任務清單對應的方格內填上現金的減少數。

2. 變賣生產線

（1）生產總監，包括：

① 變賣。生產線只能按殘值變賣。變賣時，將生產線及其產品生產標示交還給交易處，並將生產線的淨值從「價值」處取出，將等同於變賣的生產線的殘值部分交給財務總監，相當於變賣收到的現金。

② 淨值與殘值差額的處理。如果生產線淨值大於殘值，則將淨值大於殘值的差額部分放在「綜合費用」的「其他」處，表示出售生產線的淨損失。

（2）財務總監，包括：

① 收現金。將變賣生產線收到的現金放在現金庫。

② 記錄。在營運任務清單對應的方格內記錄現金的增加數。

3. 生產線轉產

（1）生產總監，包括：

① 更換標示。持原產品標示在交易處更換新的產品生產標示，並將新的產品生產標示反扣在生產線的「產品標示」處，待該生產線轉產期滿可以生產產品時，再將該產品標示正面放置在「標示」處。

② 支付轉產費。如果轉產需要支付轉產費，還應向財務總監申請轉產費，將轉產費放在「綜合費用」的「轉產費」處。

③ 記錄。正確完成以上全部操作後，在營運任務清單對應的方格內打「√」；如果不做上面的操作，則在營運任務清單對應的方格內打「×」。

（2）財務總監，包括：

① 支付轉產費。如果轉產需要轉產費，將現金交給生產總監。

② 記錄。在營運任務清單對應的方格內登記支付轉產費而導致的現金減少數。

（3）CEO：在監督生產總監正確完成以上操作後，在營運任務清單對應的方格內打「√」。如果不做上面的操作，則在營運任務清單對應的方格內打「×」。

10.2.8 向其他企業購買原材料/出售原材料

企業如果沒有下原材料訂單，就不能購買材料。如果企業生產急需材料，又不能從交易處購買，就只能從其他企業購買。當然，如果企業有暫時多餘的材料，也可以向其他企業出售，收回現金。

1. 向其他企業購買原材料

操作要點如下：

（1）採購總監，包括：

① 談判。在進行組間的原材料買賣時，首先雙方要談妥材料的交易價格，並採取一手交錢一手交貨的方式進行交易。

② 購買原材料。本企業從其他企業處購買原材料，首先從財務總監處申請取得購買材料需要的現金，買進材料後，將材料放進原材料庫。應當注意的是，材料的成本是企業從其他企業購買材料支付的價款，在計算產品成本時應把該成本作為領用材料的成本。

③ 記錄。在任務清單對應的方格內填上購入的原材料數量，並記錄材料的實際成本。

（2）財務總監，包括：

① 付款。將購買材料需要的現金交給採購總監。

② 記錄。將購買原材料支付的現金數記錄在任務清單對應的方格內。

2. 向其他企業出售原材料

操作要點如下：

（1）採購總監，包括：

① 出售原材料。首先從原材料庫取出原材料，收到對方支付的現金後將原材料交給購買方，並將現金交給財務總監。

② 記錄。在任務清單對應的方格內填上因出售而減少的原材料數量。

（2）財務總監，包括：

① 收現金。將出售材料收到的現金放進現金庫。

② 交易收益的處理。如果出售原材料收到的現金超過購進原材料的成本，表示企業取得了交易收益，財務總監應當將該收益記錄在利潤表的「其他收入/支出」欄（為正數）。

③ 記錄。將出售原材料收到的現金數記錄在任務清單對應的方格內。

（3）CEO：在監督採購總監和財務總監正確完成以上操作後，在營運任務清單對應的方格內打「√」。如果不做上面的操作，則在營運任務清單對應的方格內打「×」。

10.2.9 開始下一批生產

企業如果有閒置的生產線，盡量安排生產。因為閒置的生產線仍然需要支付設備維護費、計提折舊，企業只有生產產品，並將這些產品銷售出去，這些固定費用才能得到彌補。

操作要點如下：

（1）生產總監，包括：

① 領用原材料。從採購總監處申請領取生產產品需要的原材料。

② 取得加工費。從財務總監處申請取得生產產品需要的加工費。

③ 上線生產。將生產產品所需要的原材料和加工費放置在空桶中（一個空桶代表一個產品），然後將這些空桶放置在空置的生產線上，表示開始投入產品生產。

④ 記錄。在任務清單對應的方格內登記投產產品的數量。

（2）財務總監，包括：

① 支付現金。審核生產總監提出的產品加工費申請後，將現金交給生產總監。

② 記錄。在任務清單對應的方格內登記現金的減少數。

（3）採購總監，包括：

① 發放原材料。根據生產總監的申請，發放生產產品所需要的原材料。

② 記錄。在營運任務清單對應的方格內登記生產領用原材料導致原材料的減少數。

（4）CEO：在監督正確完成以上操作後，在任務清單對應的方格內打「√」。

10.2.10　更新應收款/應收款收現

沙盤企業中，企業銷售產品一般收到的是「欠條」——應收款。每個季度，企業將應收款向現金庫方向推進一格，表示應收款帳期的減少。當應收款被推進現金庫時，表示應收款到期，企業應持應收款憑條到交易處領取現金。

操作要點如下：

（1）財務總監，包括：

① 更新應收款。將應收款往現金庫方向推進一格。當應收款推進現金庫時，表示應收款到期。

② 應收款收現。如果應收款到期，持「應收帳款登記表」、任務清單和應收款憑條到交易處領回相應現金。

③ 記錄。在營運任務清單對應的方格內登記應收款到期收到的現金數。

（2）CEO：在監督正確完成以上操作後，在營運任務清單對應的方格內打「√」。

10.2.11　出售廠房

企業如果需要籌集資金，可以出售廠房。如果出售，廠房將按原值出售。出售廠房當期不能收到現金，只能收到一張4帳期的應收款憑條。如果沒有廠房，當期必須支付租金。

操作要點如下：

（1）生產總監，包括：

① 出售廠房。企業出售廠房時，將廠房價值拿到交易處，領回40M的應收

款憑條，交給財務總監。

② 記錄。在任務清單對應的方格內打「√」。

（2）財務總監，包括：

① 收到應收款憑條。將收到的應收款憑條放置在沙盤應收款的 4Q 處。

② 記錄。在「應收帳款登記表」上登記收到的應收款金額和帳期，在任務清單對應的方格內打「√」。

（3）CEO：在監督正確完成以上操作後，在任務清單對應的方格內打「√」。

10.2.12　向其他企業購買成品/出售成品

企業參加產品訂貨會時，如果取得的銷售訂單超過了企業最大生產能力，當年不能按訂單交貨，則構成違約，按規則將受到嚴厲的懲罰。為此，企業可以從其他企業購買產品來交單。當然，如果企業有庫存積壓的產品，也可以向其他企業出售。

1. 向其他企業購買產品

操作要點如下：

（1）營銷總監，包括：

① 談判。在進行組間的產品買賣時，首先雙方要談妥產品的交易價格，並採取一手交錢一手交貨的交易方式進行交易。

② 購買。從財務總監處申請取得購買產品所需要的現金，買進產品後，將產品放置在對應的產品庫。注意：購進的產品成本應當是購進時支付的價款，在計算產品銷售成本時應當按該成本計算。

③ 記錄。在任務清單對應的方格內記錄購入的產品數量。

（2）財務總監，包括：

① 付款。根據營銷總監的申請，審核後，支付購買材料需要的現金。

② 記錄。將購買產品支付的現金數記錄在營運任務清單對應的方格內。

2. 向其他企業出售產品

操作要點如下：

（1）營銷總監，包括：

① 出售。從產品庫取出產品，從買方處取得現金後將產品交給購買方，並將現金交給財務總監。

② 記錄。出售導致產品的減少，所以，營銷總監應在營運任務清單對應的方格內填上因出售而減少的產品數量。

（2）財務總監，包括：

① 收到現金。將出售產品收到的現金放進現金庫。

② 出售收益的處理。如果出售產品多，收到了現金，即組間交易出售產品價格高於購進產品的成本，表示企業取得了交易收益，應當在編制利潤表時將該收益記錄在利潤表的「其他收入/支出」欄（為正數）。

③ 記錄。將出售產品收到的現金數記錄在任務清單對應的方格內。

（3）CEO：在監督營銷總監和財務總監正確完成以上操作後，在營運任務清

單對應的方格內打「√」。如果不做上面的操作，則在營運任務清單對應的方格內打「×」。

10.2.13　按訂單交貨

企業只有將產品銷售出去才能實現收入，也才能收回墊支的成本。產品生產出來後，企業應按銷售訂單交貨。

操作要點如下：

（1）營銷總監，包括：

① 銷售。銷售產品前，首先在「訂單登記表」中登記銷售訂單的銷售額，計算出銷售成本和毛利之後，將銷售訂單和相應數量的產品拿到交易處銷售。銷售後，將收到的應收款憑條或現金交給財務總監。

② 記錄。在完成上述操作後，在營運任務清單對應的方格內打「√」。如果不做上面的操作，則在任務清單對應的方格內打「×」。

（2）財務總監，包括：

① 收到銷貨款。如果銷售取得的是應收款憑條，則將憑條放在應收款相應的帳期處；如果取得的是現金，則將現金放進現金庫。

② 記錄。如果銷售產品收到的是應收款憑條，在「應收帳款登記表」上登記應收款的金額；如果收到現金，在任務清單對應的方格內登記現金的增加數。

（3）CEO：在監督營銷總監和財務總監正確完成以上操作後，在營運任務清單對應的方格內打「√」。如果不做上面的操作，則在營運任務清單對應的方格內打「×」。

10.2.14　產品研發投資

企業要研發新產品，必須投入研發費用。每季度的研發費用在季末一次性支付。當新產品研發完成，企業在下一季度可以投入生產。

操作要點如下：

（1）營銷總監，包括：

① 研發投資。企業如果需要研發新產品，則從財務總監處申請取得研發所需要的現金，放置在產品研發對應位置的空桶內。如果產品研發投資完成，則從交易處領取相應產品的生產資格證放置在「生產資格」處。企業取得生產資格證後，從下一季度開始，可以生產該產品。

② 記錄。在營運任務清單對應的方格內打「√」。

（2）財務總監，包括：

① 支付研發費。根據營銷總監提出的申請，審核後，用現金支付。

② 記錄。如果支付了研發費，則在營運任務清單對應的方格內登記現金的減少數。

（3）CEO：在監督完成以上操作後，在營運任務清單對應的方格內打「√」。如果不做上面的操作，則在營運任務清單對應的方格內打「×」。

10.2.15 支付行政管理費

企業在生產經營過程中會發生諸如辦公費、人員工資等管理費用。沙盤企業中，行政管理費在每季度末一次性支付1M，無論企業經營情況好壞、業務量多少，都是固定不變的，這是與實際工作的差異之處。

操作要點如下：

（1）財務總監，包括：

① 支付管理費。每季度從現金庫中取出1M現金放置在綜合費用的「管理費」處。

② 記錄。在任務清單對應的方格內登記現金的減少數。

（2）CEO：在監督完成以上操作後，在營運任務清單對應的方格內打「√」。

10.2.16 其他現金收支情況登記

企業在經營過程中可能會發生除上述情形外的其他現金收入或支出，企業應將這些現金收入或支出進行記錄。

操作要點如下：

（1）財務總監：企業如果有其他現金增加或減少的情況，則在營運任務清單對應的方格內登記現金的增加或減少數。

（2）CEO：在監督完成以上操作後，在營運任務清單對應的方格內打「√」。如果不做上面的操作，則在任務清單對應的方格內打「×」。

10.2.17 季末盤點

每季度末，企業應對現金、原材料、在產品和產成品進行盤點，並將盤點的數額與帳面結存數進行核對。如果帳實相符，則將該數額填寫在任務清單對應的方格內。如果帳實不符，則找出原因後再按照實際數填寫。

餘額的計算公式為：

現金餘額＝季初餘額＋現金增加額－現金減少額

原材料庫存餘額＝季初原材料庫存數量＋本期原材料增加數量
　　　　　　　－本期原材料減少數

在產品餘額＝季初在產品數量＋本期在產品投產數量－本期完工產品數量

產成品餘額＝季初產成品數量＋本期產成品完工數量－本期產成品銷售數量

10.3　沙盤企業年末工作

企業日常經營活動結束後，年末進行各種帳項的計算和結轉，編制各種報表，計算當年的經營成果，反應當前的財務狀況，並對當年經營情況進行分析總結。

10.3.1　支付利息/更新長期貸款/申請長期貸款

企業為了發展，可能需要借入長期貸款。長期貸款主要是用於長期資產投資，比如購買生產線、產品研發等。沙盤企業中，長期貸款只能在每年年末進行，貸款期限在一年以上，每年年末付息一次，到期還本。本年借入的長期借款下年末支付利息。

操作要點如下：

（1）財務總監，包括：

① 支付利息。根據企業已經借入的長期借款計算本年應支付的利息，之後，從現金庫中取出相應的利息放置在「綜合費用」的「利息」處。

② 更新長期貸款。將長期借款往現金庫推進一格，表示償還期的縮短。如果長期借款已經被推至現金庫中，表示長期借款到期，應持相應的現金和「貸款登記表」到交易處歸還該借款。

③ 申請長期貸款。持上年報表和「貸款申請表」到交易處，經交易處審核後發放貸款。收到貸款後，將現金放進現金庫中；同時，放一個空桶在長期貸款對應的帳期處，空桶內寫一張註明貸款金額、帳期和貸款時間的長期貸款憑條。如果長期貸款續貸，財務總監持上年報表和「貸款申請表」到交易處辦理續貸手續。之後，同樣放一個空桶在長期貸款對應的帳期處，空桶內寫一張註明貸款金額、帳期和貸款時間的憑條。

④ 記錄。在任務清單對應的方格內登記支付利息、歸還本金導致的現金減少數，以及借入長期借款增加的現金數。

（2）CEO：在監督財務總監完成以上操作後，在營運任務清單對應的方格內打「√」。如果不做上面的操作，則在營運任務清單對應的方格內打「×」。

10.3.2　支付設備維護費

設備使用過程中會發生磨損，要保證設備正常運轉，就需要進行維護。設備維護會發生諸如材料費、人工費等維護費用。沙盤企業中，只有生產線需要支付維護費。年末，只要有生產線，無論是否生產，都應支付維護費。尚未安裝完工的生產線不支付維護費。設備維護費每年年末用現金一次性集中支付。

操作要點如下：

（1）財務總監，包括：

① 支付維護費。根據期末現有完工的生產線支付設備維護費。支付設備維護費時，從現金庫中取出現金放在「綜合費用」的「維護費」處。

② 記錄。在任務清單對應的方格內登記現金的減少數。

（2）CEO：在監督財務總監完成以上操作後，在營運任務清單對應的方格內打「√」。

10.3.3　支付租金/購買廠房

企業要生產產品，必須要有廠房。廠房可以購買，也可以租用。年末，企業

如果在使用沒有購買的廠房，則必須支付租金；如果不支付租金，則必須購買。

操作要點如下：

(1) 財務總監，包括：

① 支付租金。從現金庫中取出現金放在「綜合費用」的「租金」處。

② 購買廠房。從現金庫中取出購買廠房的現金放在廠房的「價值」處。

③ 記錄。在任務清單對應的方格內登記支付租金或購買廠房減少的現金數。

(2) CEO：在監督財務總監完成以上操作後，在營運任務清單對應的方格內打「√」。如果不做上面的操作，則在營運任務清單對應的方格內打「×」。

10.3.4 計提折舊

固定資產在使用過程中會發生損耗，導致價值降低，因此，應對固定資產計提折舊。沙盤企業中，固定資產計提折舊的時間、範圍和方法可以與實際工作一致，也可以採用簡化的方法。本教材沙盤規則採用了簡化的處理方法，與實際工作有一些差異。這些差異主要表現在：折舊在每年年末計提一次，計提折舊的範圍僅僅限於生產線，折舊的方法採用直線法取整計算。在會計處理上，折舊費全部作為當期的期間費用，沒有計入產品成本。

操作要點如下：

(1) 財務總監，包括：

① 計提折舊。根據規則對生產線計提折舊。本教材採用的折舊規則是按生產線淨值的1/3向下取整計算。比如，生產線的淨值為10，折舊為3；淨值8，折舊為2。計提折舊時，根據計算的折舊額從生產線的「價值」處取出相應的金額放置在「綜合費用」旁的「折舊」處。

② 記錄。在營運任務清單對應的方格內登記折舊的金額。注意，在計算現金支出時，折舊不能計算在內，因為折舊並沒有減少現金。

(2) CEO：在監督財務總監完成以上操作後，在營運任務清單對應的方格內打「√」。

10.3.5 新市場開拓/ISO資格認證投資

企業要擴大產品的銷路必須開拓新市場。開拓不同的市場所需要的時間和費用是不相同的。有的市場對產品有ISO資格認證要求，企業需要進行ISO資格認證投資。沙盤企業中，每年開拓市場和ISO資格認證的費用在年末一次性支付，計入當期的綜合費用。

操作要點如下：

(1) 營銷總監，包括：

① 新市場開拓。從財務總監處申請開拓市場所需要的現金，放置在沙盤所開拓市場對應的位置。當市場開拓完成，年末持開拓市場的費用到交易處領取「市場准入」的標示，放置在對應市場的位置上。

② ISO資格認證投資。從財務總監處申請ISO資格認證所需要的現金，放置在ISO資格認證對應的位置。當認證完成，年末持認證投資的費用到交易處領取

「ISO 資格認證」標示，放置在沙盤對應的位置。

③ 記錄。進行了市場開拓或 ISO 認證投資後，在營運任務清單對應的方格內打「√」，否則，打「×」。

（2）財務總監，包括：

① 支付費用。根據營銷總監的申請，審核後，將市場開拓和 ISO 資格認證所需要的現金支付給營銷總監。

② 記錄。在任務清單對應的方格內記錄現金的減少數。

（3）CEO：在監督營銷總監和財務總監正確完成以上操作後，在營運任務清單對應的方格內打「√」。

10.3.6 編制報表

沙盤企業每年的經營結束後，應當編制相關會計報表，及時反應當年的財務和經營情況。在沙盤企業中，主要編制產品核算統計表、綜合費用計算表、利潤表和資產負債表。

1. 產品核算統計表

產品核算統計表（見表 10-3）是核算企業在經營期間銷售各種產品情況的報表，它可以反應企業在某一經營期間產品銷售數量、銷售收入、產品銷售成本和毛利情況，是編制利潤表的依據之一。

表 10-3　　　　　　　　　產品核算統計表

	P1	P2	P3	P4	合計
數量					
銷售額					
成本					
毛利					

產品核算統計表是企業根據企業實際銷售情況編制的，其數據來源於訂單登記表（見表 10-4）。企業在取得銷售訂單後，營銷總監應及時登記訂單情況，當產品實現銷售後，應及時登記產品銷售的銷售額、銷售成本，並計算該產品的毛利。年末，企業經營結束後，營銷總監根據訂單登記表，分產品匯總各種產品的銷售數量、銷售額、銷售成本和毛利，並將匯總結果填列在產品核算統計表中。

之後，營銷總監將產品核算統計表交給財務總監，財務總監根據產品核算統計表中匯總的數據，登記利潤表中的「銷售收入」「直接成本」和「毛利」欄。

表 10-4　　　　　　　　　訂單登記表

訂單號										合計
市場										
產品										

表10-4(續)

訂單號							合計
數量							
帳期							
銷售額							
成本							
毛利							
未售							

2. 綜合費用明細表

綜合費用明細表（見表10-5）是綜合反應在經營期間發生的各種除產品生產成本、財務費用外的其他費用的報表。它根據沙盤上的「綜合費用」處的支出進行填寫。

綜合費用明細表的填制方法如下：

（1）「管理費」項目根據企業當年支付的行政管理費填列。企業每季度支付1M的行政管理費，全年共支付行政管理費4M。

（2）「廣告費」項目根據企業當年年初的「廣告登記表」中填列的廣告費填列。

（3）「設備保養費」項目根據企業實際支付的生產線保養費填列。根據規則，只要生產線建設完工，不論是否生產，都應當支付保養費。

（4）「租金」項目根據企業支付的廠房租金填列。

（5）「轉產費」根據企業生產線轉產支付的轉產費填列。

（6）「市場准入開拓」根據企業本年開發市場支付的開發費填列。為了明確開拓的市場，需要在「備註」欄本年開拓的市場前打「√」。

（7）「ISO資格認證」項目根據企業本年ISO認證開發支付的開發費填列。為了明確認證的種類，需要在「備註」欄本年認證的名稱前打「√」。

（8）「產品研發」項目根據本年企業研發產品支付的研發費填列。為了明確產品研發的品種，應在「備註」欄產品的名稱前打「√」。

（9）「其他」項目主要根據企業發生的其他支出填列，比如，出售生產線淨值大於殘值的部分等。

表 10-5　　　　　　　綜合費用明細表　　　　　單位：百萬元

項　目	金　額	備　註
管理費		
廣告費		
保養費		
租　金		

表10-5(續)

項　　目	金　　額	備　　註
轉產費		
市場准入開拓		□區域　　□國內　　□亞洲　　□國際
ISO 資格認證		□ISO9000　　□ISO14000
產品研發		P2（　　）　P3（　　）　P4（　　）
其　他		
合　計		

3. 利潤表

利潤表（見表10-6）是反應企業一定期間經營狀況的會計報表。利潤表把一定期間內的營業收入與其同一期間相關的成本費用相配比，從而計算出企業一定時期的利潤。編制利潤表，可以反應企業生產經營的收益情況、成本耗費情況，表明企業生產經營成果。同時，利潤表提供的不同時期的比較數字，可以用以分析企業利潤的發展趨勢和獲利能力。

利潤表的編制方法如下：

（1）利潤表中「上年數」欄反應各項目的上年的實際發生數，根據上年利潤表的「本年數」填列。利潤表中「本年數」欄反應各項目本年的實際發生數，根據本年實際發生額的合計填列。

（2）「銷售收入」項目，反應企業銷售產品取得的收入總額。本項目應根據「產品核算統計表」填列。

（3）「直接成本」項目，反應企業本年已經銷售產品的實際成本。本項目應根據「產品核算統計表」填列。

（4）「毛利」項目，反應企業銷售產品實現的毛利。本項目是根據銷售收入減去直接成本後的餘額填列。

（5）「綜合費用」項目，反應企業本年發生的綜合費用，根據「綜合費用明細表」的合計數填列。

（6）「折舊前利潤」項目，反應企業在計提折舊前的利潤，根據毛利減去綜合費用後的餘額填列。

（7）「折舊」項目，反應企業當年計提的折舊額，根據當期計提的折舊額填列。

（8）「支付利息前的利潤」項目，反應企業支付利息前實現的利潤，根據折舊前利潤減去折舊後的餘額填列。

（9）「財務收入/支出」項目，反應企業本年發生的財務收入或者財務支出，比如借款利息、貼息等。本項目根據沙盤上的「利息」填列。

（10）「其他收入/支出」項目，反應企業其他業務形成的收入或者支出，比如出租廠房取得的收入等。

（11）「稅前利潤」項目，反應企業本年實現的利潤總額。本項目根據支付利

息前的利潤加財務收入減去財務支出，再加上其他收入減去其他支出後的餘額填列。

（12）「所得稅」項目，反應企業本年應交納的所得稅費用，本項目根據稅前利潤除以 3 取整後的數額填列。

（13）「淨利潤」項目，反應企業本年實現的淨利潤，本項目根據稅前利潤減去所得稅後的餘額填列。

表 10-6　　　　　　　　　　　　利潤表　　　　　　　　　　單位：百萬元

項　　目	上 年 數	本 年 數
銷售收入		
直接成本		
毛利		
綜合費用		
折舊前利潤		
折舊		
支付利息前利潤		
財務收入／支出		
其他收入／支出		
稅前利潤		
所得稅		
淨利潤		

4. 資產負債表

資產負債表（見表 10-7）是反應企業某一特定時期財務狀況的會計報表。它是根據「資產＝負債＋所有者權益」的會計等式編制的。

從資產負債表的結構可以看出，資產負債表由期初數和期末數兩個欄目組成。資產負債表的「期初數」欄各項目數字應根據上年末資產負債表「期末數」欄內所列數字填列。

資產負債表的「期末數」欄各項目主要是根據有關項目期末餘額資料編制，其數據的來源主要通過以下幾種方式取得：

（1）資產類項目主要根據沙盤盤面的資產狀況通過盤點後的實際金額填列。

（2）負債類項目中的「長期負債」和「短期負債」根據沙盤上的長期借款和短期借款數額填列，如果有將於一年內到期的長期負債，應單獨反應。

（3）「應交稅費」項目根據企業本年「利潤表」中的「所得稅」項目的金額填列。

（4）「所有者權益類」中的股東權益項目，如果本年股東沒有增資的情況下，直接根據上年末「利潤表」中的「股東資本」項目填列；如果發生了增資，則為上年末的股東資本加上本年增資的資本。

（5）「利潤留存」項目根據上年利潤表中的「利潤留存」和「年度淨利」兩個項目的合計數填列。

（6）「年度淨利」項目根據「利潤表」中的「淨利潤」項目填列。

表 10-7　　　　　　　　　　　資產負債表　　　　　　　　　　單位：百萬元

資　　　産	期初數	期末數	負債和所有者權益	期初數	期末數
流動資産：			負債：		
現金			長期負債		
應收款			短期負債		
在製品			應付帳款		
成品			應交稅費		
原料			一年內到期的長期負債		
流動資産合計			負債合計		
固定資産：			所有者權益：		
土地和建築			股東資本		
機器與設備			利潤留存		
在建工程			年度淨利		
固定資産合計			所有者權益合計		
資産總計			負債和所有者權益總計		

10.3.7　結帳

一年經營結束，年終要進行一次「盤點」，編制「綜合管理費用明細表」「資產負債表」和「利潤表」。一經結帳後，本年度的經營也就結束了，本年度所有的經營數據不能隨意更改。結帳後，在營運任務清單對應的方格內打「√」。

10.3.8　反思與總結

經營結束後，CEO 應召集團隊成員對當年的經營情況進行分析，分析決策的成功與失誤，分析經營的得與失，分析實際與計劃的偏差及其原因等。團隊成員用心總結，用筆記錄。沙盤模擬是訓練思維的過程，同時也應該成為鍛煉動手能力的過程。

第四篇 總結篇

11 模擬企業經營成果分析

本章以某高校學生參加 ERP 沙盤模擬實訓的數據為基礎，從 8 個模擬公司中選擇了綜合評估得分最高的小組 A 公司為例，運用前述章節所介紹的方法對其經營成果進行分析。

11.1 生產能力分析

11.1.1 生產線投資分析

隨著企業和市場的發展，A 公司對接手的產能落後、生產效率低的生產線陸續進行了更新換代。A 公司較好把握了生產線投資的節奏。在第一年的第 4Q 賣掉了一條低效率的手工生產線，為新建生產線留出了空間。然後在第一年利用長期和短期的兩筆貸款籌集到 150M 的資金，為第一年第 2Q 投資建設的兩條全自動生產線、第一年第 4Q 投資建設的一條全自動生產線提供了充足的資金支持。A 公司第一年的生產線投資活動與融資活動緊密配合，投資規模適度，既為未來的盈利奠定了良好的基礎，又沒有影響後續的投資能力。在第四年第 1Q 又投資建設了兩條全自動生產線。截止到六年模擬經營結束時，A 公司共擁有兩條手工生產線、一條半自動生產線和五條全自動生產線。總的來看，A 公司對生產線的更新順序合理。生產線的投資組合，以生產效率最高、投資金額相對較低的全自動生產線為主，同時又保留了低成本並能隨時轉產的手工生產線。在提高企業產能和現代化程度的同時，較好地兼顧了靈活性、低成本和生產效率。

從生產線的建設時間來看，A 公司的決策既有成功之處，也存在失誤。第一年第 2Q 投資的兩條全自動生產線在第二年第 1Q 投產，馬上用於生產剛研發出來的 P2 產品，這兩條全自動生產線的建設時間與產品的研發剛好同步。研發的 P3 產品在第二年第 2Q 就已經獲得了生產資格。但由於第一年第 4Q 投資的一條全自動生產線只能在第二年第 3Q 投入使用，這條全自動生產線的建成時間比 P3 產品的投產時間滯後了 1Q，導致研發成功的 P3 產品只能在第二年第 3Q 投產，P3 的研發資格白白閒置了 1Q。

在六年的模擬經營中，A 公司所有生產線從未出現閒置的情況。每個產品下線之後，馬上就能投入原材料和加工費，上線生產新產品。一方面說明它合理地安排了原材料的下單時間和數量，使得所採購的原材料滿足了生產的需求，生

計劃和採購計劃基本吻合；另一方面也說明它投資建設的八條生產線均實現了產能最大化。

從表 11-1 可以看出，A 公司每年年末的成品和原材料庫存都不高，尤其是第五年和第六年年末成品和原料的庫存均為 0。從表 11-2 可以看出，A 公司各年的存貨週轉率都高於 8 個模擬公司的存貨平均週轉率。這說明 A 公司的存貨週轉速度快，供產銷各個環節銜接順暢，產能與市場需求相匹配，生產出的各種產品均能順利地實現銷售。成品和原料庫存合理，沒有占用企業過多的流動資金，流動資金的使用效率高。

表 11-1　　A 公司第一年至第六年各年年末成品和原料的庫存　　單位：個

年份 項目	第一年	第二年	第三年	第四年	第五年	第六年
成品	0	3	3	5	0	0
原料	2	1	1	0	0	0

表 11-2　　A 公司的存貨週轉率及存貨的平均週轉率

年份 指標	第二年	第三年	第四年	第五年	第六年
A 公司的存貨週轉率	4.78	4.17	1.83	3.18	3.29
存貨的平均週轉率	1.69	1.65	1.53	1.85	2.57

11.1.2　廠房投資分析

A 公司在第一年初擁有一個能容納六條生產線的大廠房，有三條手工生產線和一條半自動生產線。在第一年第 4Q 賣掉了一條手工生產線後，原有的大廠房還能容納三條生產線。為了提高產能，A 公司第一年第 2Q 投資建設了兩條全自動生產線，第一年第 4Q 投資建設了一條全自動生產線。第一年模擬經營結束時，大廠房的空置率為 0，廠房資源得到充分利用。

為了配合第四年新投資建設的兩條全自動生產線，繼續擴大產能，A 公司在第四年新增加了一個小廠房。從投資時間來看，小廠房的獲取時間與生產線的建成時間緊密銜接，投資節奏控製得好。從投資類型來看，由於新增的生產線只有兩條，所以投資建設能容納四條生產線的小廠房就完全能滿足新增生產線的需要。第六年經營結束時，A 公司共有八條生產線，大小兩個廠房的空置率只有 20%，空置率較低，廠房資源利用較為充分。從獲取方式來看，新增的小廠房採用的是租賃方式而非購買。一方面，考慮到第五年第 1Q 的常規現金支出較大（收到現金之前的支出為 41M），在第四年年末現金不是特別充裕的情況下（在未支付租金前只有 43M），採用租賃的方式能留足現金以支持第五年年初的開支。另一方面，考慮投資收益率，採用租賃的方式能獲得比購買更高的投資收益率。在租賃的三年中，一共支付了 15M 的租金。從第五年開始，小廠房新建的生產線

開始有產出。第五年和第六年共產出 8 個 P3 和 8 個 P4，並且在第六年經營結束時，成品沒有庫存，全部賣出。根據第六章的公式 6.6，按五年和第六年拿到的訂單計算，P3 和 P4 的單位產品平均毛利約為 5.69 元。小廠房租賃的投資收益率達到 607%，不僅高於購買小廠房的投資收益率 303%，而且也遠遠高於租賃小廠房的資本成本 10%（具體計算見第六章公式 6.4 的舉例）。A 公司第五年和第六年的銷售情況見表 11-3。

表 11-3　　　　　　　　第五年和第六年 A 公司的銷售情況

第五年的銷售情況						第六年的銷售情況					
P3			P4			P3			P4		
收入	數量	成本	收入	數量	成本	收入	數量	成本	收入	數量	成本
73M	8 個	32M	75M	7 個	35M	82M	8 個	32M	64M	6 個	30M

P3 的單位平均毛利 $=\dfrac{73+82}{8+8}-4\approx 5.69$（M）

P4 的單位平均毛利 $=\dfrac{75+64}{7+6}-5\approx 5.69$（M）

租賃小廠房的投資收益率 $=\dfrac{5.69\times 8+5.69\times 8}{15}\times 100\%\approx 607\%$

購買小廠房的投資收益率 $=\dfrac{5.69\times 8+5.69\times 8}{30}\times 100\%\approx 303\%$

總體來看，A 公司的廠房投資決策合理，符合企業的發展戰略和當時的財務狀況，獲得了很高的投資收益率。

11.1.3　無形資產投資分析

考慮到本地市場 P1 產品從第二年開始，市場需求量及單價逐年下降，如果不及早研發新產品、開拓新市場，則很難支撐以後每年的利息、管理費和維護費等固定費用，影響企業的長遠利益。於是 A 公司的管理層採取了密集式的成長戰略。在第一年利用長期和短期的兩筆貸款籌集到 150M 的資金，A 公司第一年就開始對 ISO9000、ISO14000、區域市場、國內市場、亞洲市場、國際市場、P2 產品和 P3 產品進行投資。上述無形資產方面的投資，使 A 公司成為 8 個公司中第一批進駐亞洲和國際市場的企業，而且在第五年和第六年成為亞洲和國際市場的雙老大，享受到了市場老大的特權。

A 公司第一年年末獲得了進入區域市場的資格，在資金和產能充足的情況下，卻在第二年和第三年連續兩年未對區域市場投放廣告爭取訂單（具體分析見後文 11.2.2 廣告投入產出比分析），第五年和第六年由於主打亞洲市場和國際市場，也未對區域市場進行廣告投放，只在第四年對區域市場投放廣告拿到一張訂單。這導致 A 公司第一年開發的區域市場沒有及時、充分地發揮作用。這是它進行市場開發投資的不足之處。

11.2 營銷能力分析

11.2.1 市場佔有率分析

1. 某年度市場佔有率分析

從表 11-4 可以看出，A 公司在第二年、第五年和第六年的市場佔有率都是 8 個公司中最高的。在第三年，A 公司的市場佔有率也位列第二名。從表 11-5 可以看出，A 公司陸續成為第二年本地市場老大，第三年國內市場老大，第四、五、六年亞洲市場老大和第五、六年國際市場老大。這幾個市場老大地位使其在後面一年只需花費很少的廣告費就拿到了優質的訂單，一定程度上節約了企業的成本費用。但是 A 公司市場老大的地位在六年模擬經營中變換了多次，最後才穩定下來。這也使 A 公司前期為獲得市場老大地位所付出的代價沒有充分發揮效用。

表 11-4　　　　　A 公司第一年至第六年市場佔有率

年份 項目	第一年	第二年	第三年	第四年	第五年	第六年
A 公司	10%	20%	14%	10%	18%	16%
排名	4	1	2	7	1	1

表 11-5　　　　　　　第一年至第六年市場地位

市場 年份	本地	區域	國內	亞洲	國際
第一年	E				
第二年	A	H			
第三年	G	H	A		
第四年	C	H	E	A	
第五年	C	G	E	A	A
第六年	G	G	E	A	A

2. 某市場累計佔有率分析

由於第一年 A 公司就對所有市場進行投資，所以在 8 個公司中，A 公司是第一批進駐亞洲和國際市場的企業，搶占了市場先機。從表 11-6 可以看出，A 公司經過六年的模擬經營，在亞洲和國際市場的累計佔有率排名第一，尤其在國際市場的佔有率超過了一半。A 公司在第四年、第五年和第六年連續三年成為亞洲市場的老大，在第五年和第六年連續兩年均為國際市場的老大。這說明 A 公司在亞洲市場和國際市場上做得比較好，取得了絕對優勢。

表 11-6　　　　　　　　　　A 公司各市場的累計佔有率

市場\項目	本地市場	區域市場	國內市場	亞洲市場	國際市場
A 公司	12%	1%	9%	37%	71%
排名	3	8	5	1	1

3. 某產品、某年年底的市場佔有率分析

從表 11-7 可以看出，第二年和第三年 A 公司的 P2 產品所佔份額最大。根據市場預測資料，第五年 P1 產品在各個細分市場的需求量總和較大，所以 A 公司在第五年主打 P1 產品，成功地搶佔了當年 P1 產品的第一市場份額，並且在第五年獲得了 P4 產品超過一半的市場份額，取得了在 P4 產品銷售上的絕對領先優勢。在第六年 P4 產品的市場佔有率雖然有所下降，排名降為第二，但 P4 產品仍然是 A 公司 P 系列產品中市場份額最高的主打產品。這說明 A 公司的產出較好地緊跟市場的變化趨勢，在滿足市場對低端產品需求的同時，又兼顧了市場對高端產品的需求。

表 11-7　　　　　　A 公司第一年至第六年各產品的市場佔有率

	第一年	第二年		第三年			第四年			第五年				第六年			
	P1	P1	P2	P1	P2	P3	P1	P2	P3	P1	P2	P3	P4	P1	P2	P3	P4
A 公司	10%	12%	23%	9%	15%	22%	7%	12%	6%	21%	12%	13%	63%	16%	15%	12%	33%
排名	4	6	1	5	2	1	3	2	7	1	5	4	1	4	3	6	2

11.2.2　廣告投入產出比分析

1. A 公司的廣告投入產出比

A 公司六年中累計銷售的產品數量為 102 個，在 8 個公司中排名第二。從名次來看，這個銷量還不錯。但 A 公司 6 年的平均廣告投入產出比為 10.06，在 8 個公司中排名第五。而且從表 11-8 可以看出，與其他公司相比，除了第六年，A 公司各年的廣告投入產出較低，均處於中下水平。

表 11-8　　　　　　A 公司第一年至第六年廣告投入產出比

年份\項目	第一年	第二年	第三年	第四年	第五年	第六年	平均數
A 公司	4.57	6.92	9.58	9	15.27	15	10.06
排名	4	6	5	7	4	3	5

2. 原因分析

A 公司第二年的廣告投入產出比很低，原因主要有兩個方面。一方面，A 公

司第二年本地市場老大的地位，是以高額的廣告費為代價的。它在本地市場投放了 13M 的廣告費，遠遠高於其他公司的廣告費投入。另一方面，A 公司第二年末在區域市場投放廣告接單。而另外 6 個公司每年均在區域市場投放了較少的廣告費，就獲得了相應的訂單，投入產出比較高，從而拉開了與 A 公司的差距。其實 A 公司第一年年末的現金餘額為 117M（見表 11-9），同時第二年接的訂單不夠，導致第二年年末成品庫存有 3 個（見表 11-1）。所以，就資金和產能而言，A 公司第二年完全有能力進入區域市場拿訂單，但它卻放棄了區域市場，喪失了只需投入較低廣告費就能獲得的區域市場收入，也因此形成產品積壓，占用了企業的資金。

表 11-9　　　　A 公司第一年至第六年年末的現金餘額　　　　單位：百萬元

年份 現金餘額	第一年	第二年	第三年	第四年	第五年	第六年
A 公司年末現金餘額	117	24	58	43	27	92
平均年末現金餘額	61.875	27.625	57.25	41.75	36.125	62

　　A 公司第四年的廣告投入產出比也很低，原因也主要有兩個方面。一方面，第四年年底的現金餘額為 43M（見表 11-9），成品庫存有 5 個（見表 11-1），分別是 2 個 P1、1 個 P3 和 2 個 P4。根據市場預測，當年本地市場的 P1 需求較高，只有 3 個公司在本地的 P1 投放了廣告，競爭不激烈。另一方面，A 公司可供銷售的 P1 有 4 個，但它卻放棄了本地市場，導致年末庫存 2 個 P1。另外，當年 A 公司可供銷售的 P4 有 3 個，但它只在亞洲市場 P4 產品投放了廣告費。雖然其他公司沒有在亞洲市場 P4 產品投放廣告，沒有任何競爭，但 A 公司只投放了 1M 的廣告費，只拿到一張訂單，只銷售出 1 個 P4，導致年末庫存 2 個 P4。

　　總體來看，A 公司沒有準確分析市場需求和競爭對手的廣告策略，自身的營銷策略不合理，從而導致其廣告投入較高但競單效率較低，沒有實現廣告成本效益的最大化。

11.3　成本費用分析

11.3.1　經常性費用比例分析

　　經常性費用包括直接成本、廣告、經營費、管理費、折舊和利息，這些費用項目是經營過程中每個時期必不可少的費用支出項目。從圖 11-1 至圖 11-6 可知，A 公司各年的經常性費用中，直接成本、廣告費和利息所占比例較大。由於模擬企業都是製造企業，資金主要用於生產方面，因此直接成本在成本費用構成中比例最高，這屬於正常現象。但是根據前述廣告投入產出比分析可以看出，A 公司的廣告投入產出比較低，說明其廣告投入效果不理想，廣告決策失誤。與其他公司相比，A 公司在第二年、第三年和第四年的利息支出比例都較高，主要是源於 A 公司第一年申請了一筆五年期的長期貸款 130M，第一年 3Q 還申請了一筆

短期貸款 20M。雖然這兩筆貸款為 A 公司以後開展大規模的投資和經營活動提供了充足的資金資源，但未能充分使用。從表 11-9 可以看出，第一年年末的現金高達 117M，造成了大量現金的閒置，也給 A 公司後面幾年帶來了沉重的利息負擔。應該說，第一年 A 公司的籌資決策不夠合理。另外，在六年的經營中，第四年經常性費用占銷售的比例偏高，在 8 個公司中排名第三。除了上述原因之外，還在於 A 公司當年對本地市場和亞洲市場的預測和廣告投放決策失誤，造成了第四年產品積壓，全年的銷售額與其他公司相比偏低（具體分析見 11.2.2 廣告投入產出比分析中的原因分析）。

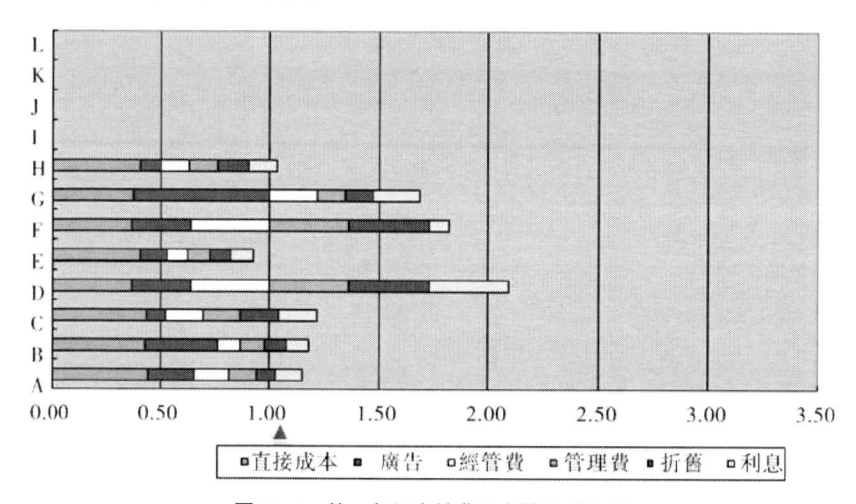

圖 11-1　第一年經常性費用占銷售的比例

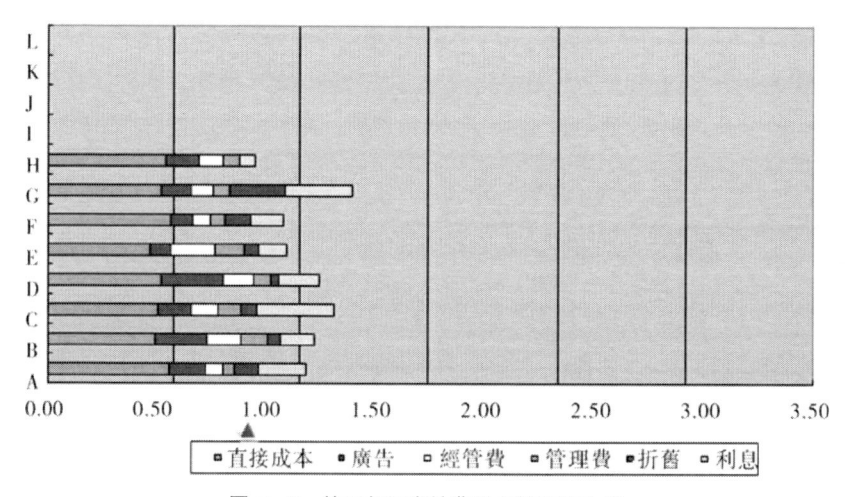

圖 11-2　第二年經常性費用占銷售的比例

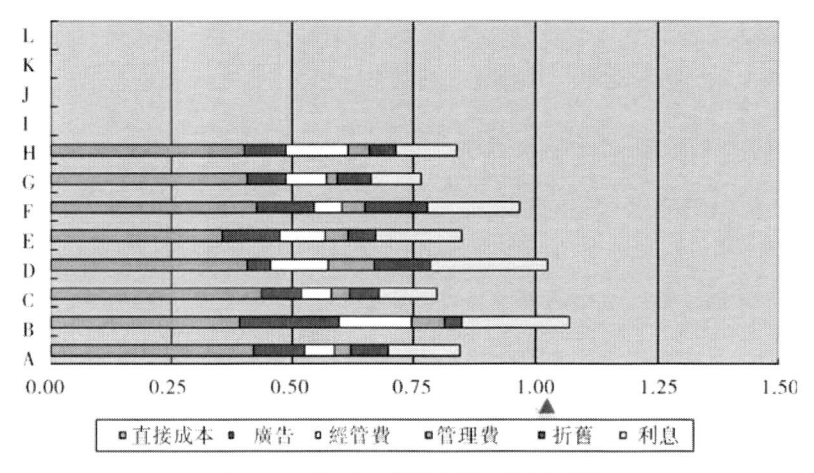

圖 11-3　第三年經常性費用占銷售的比例

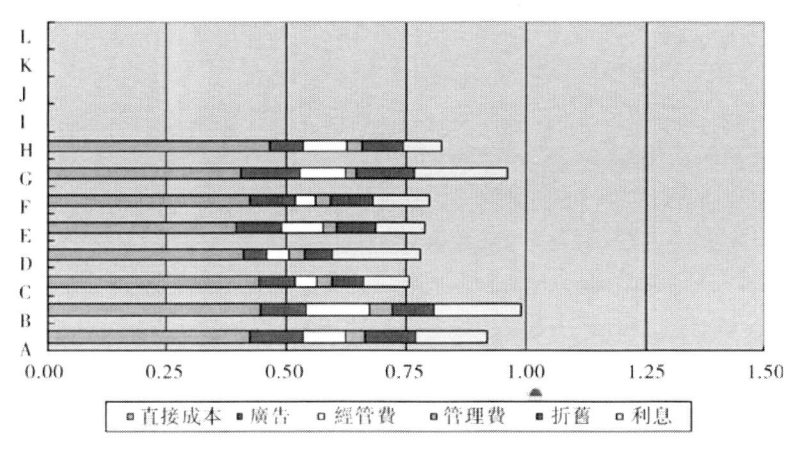

圖 11-4　第四年經常性費用占銷售的比例

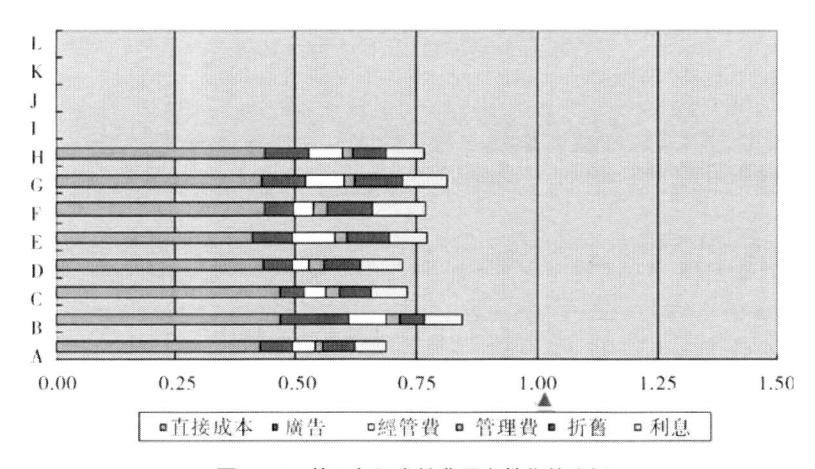

圖 11-5　第五年經常性費用占銷售的比例

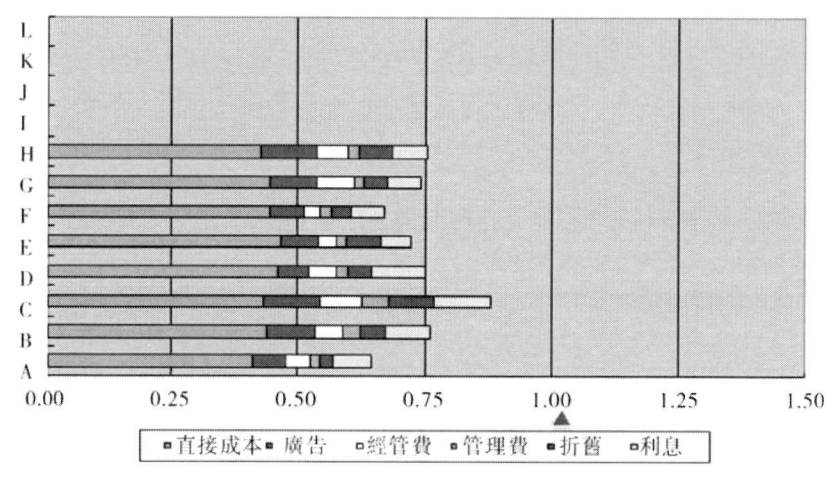

圖 11-6　第六年經常性費用占銷售的比例

11.3.2　全成本比例分析

在全部成本比例中，除包括上述經常性費用之外，還包括產品開發和軟資產投入（市場開發、ISO 認證）等階段性的成本支出項目。從圖 11-7 至圖 11-12 可知，與其他公司相比，A 公司第四年的綜合費用比例偏高，在 8 個公司中排名第三。這主要是由於第四年的銷售額偏低，同時廣告費、折舊費和利息支出較高。

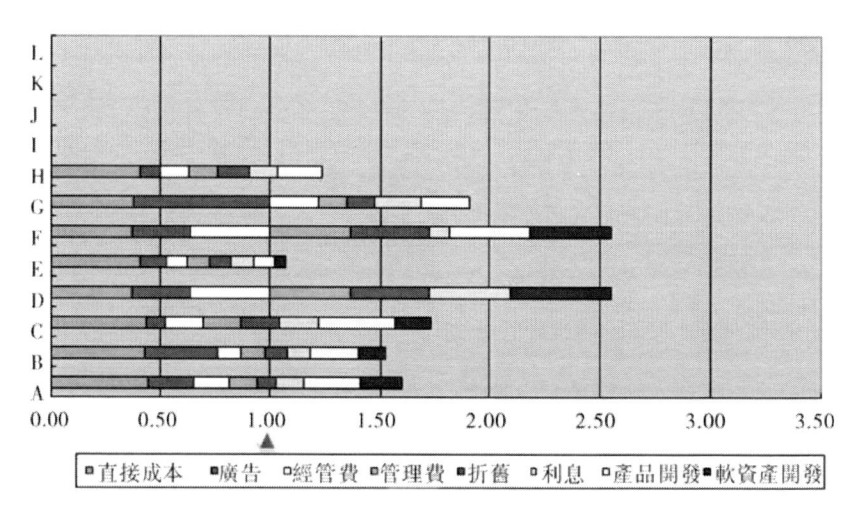

圖 11-7　第一年綜合費用占銷售的比例

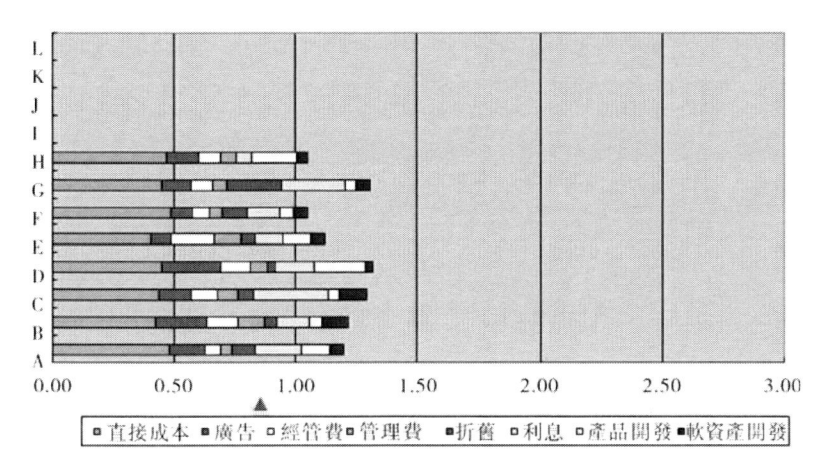

圖 11-8　第二年綜合費用占銷售的比例

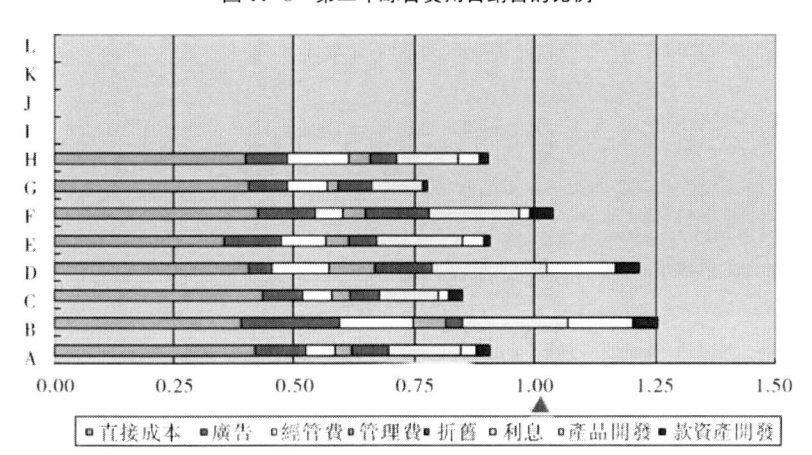

圖 11-9　第三年綜合費用占銷售的比例

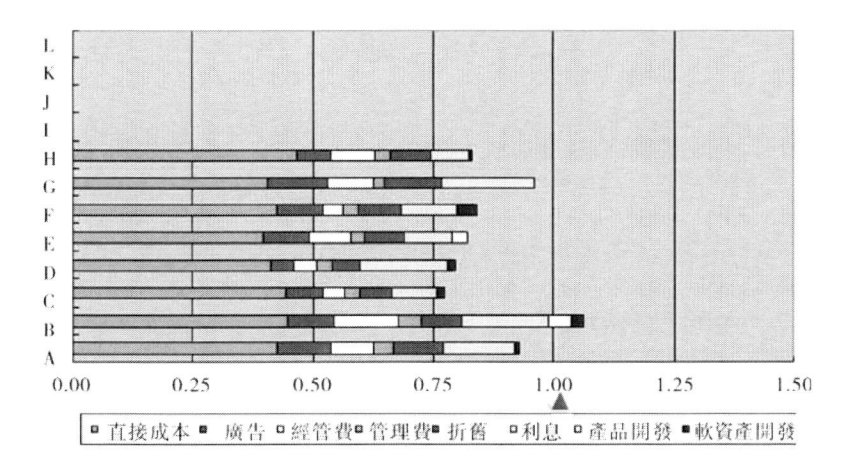

圖 11-10　第四年綜合費用占銷售的比例

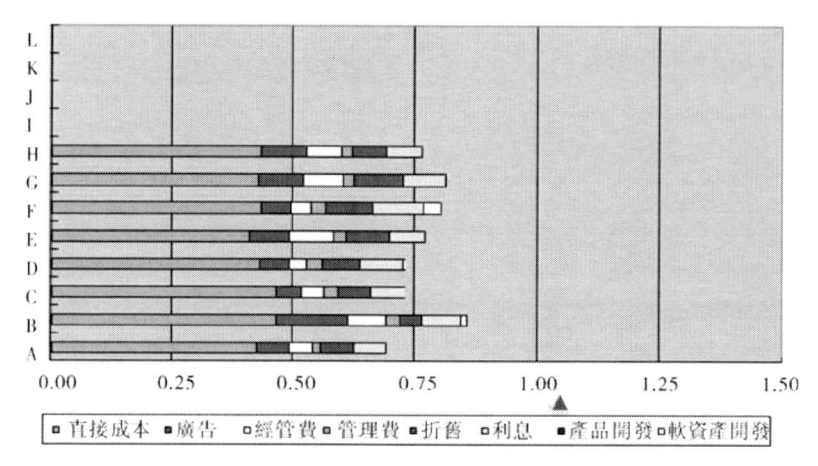

圖 11-11　第五年綜合費用占銷售的比例

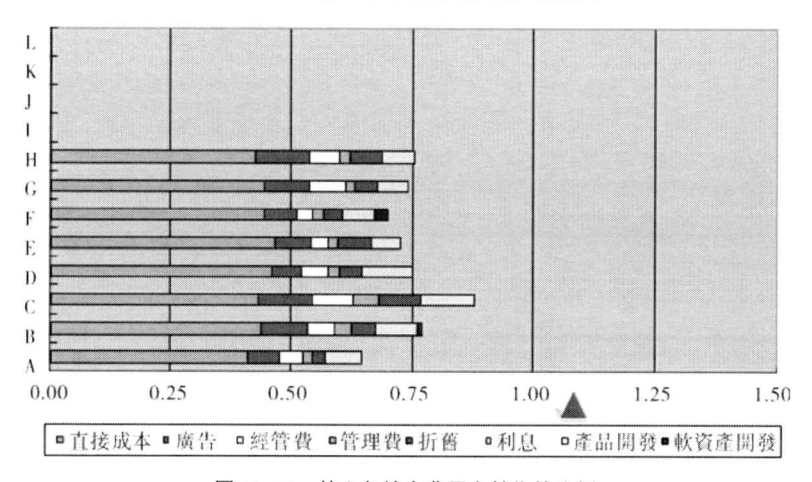

圖 11-12　第六年綜合費用占銷售的比例

11.3.3　成本變化構成分析

從圖 11-13 可以看到，A 公司第一年、第二年和第三年的各項費用比率指標均有很大的變化，這說明企業經營遇到了問題，經營的環境正在發生變化。這個信號提醒管理者需格外注意各種變化情況，及時調整經營戰略和策略。在以後的年份中，各種費用的比例比較平穩，沒有突變的情況，說明企業營運比較正常。

由圖 11-14 可知，A 公司成本比重構成中，直接成本的比重變化最大，其次是利息費用，其他成本較為均衡。直接成本比重的變化反應了 A 公司各年銷售量波動較大。利息費用比重的變化則反應了公司貸款比重的變化。

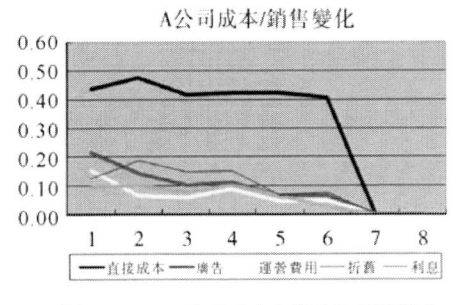

圖 11-13　A 公司成本占銷售比例的變化 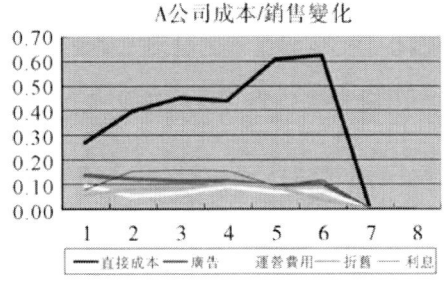　　　圖 11-14　A 公司成本比重變化

11.4　財務分析

11.4.1　單項財務能力分析

1. 收益力分析

從表 11-10 可以看出，A 公司除了第四年的總資產收益率指標略低於平均值，第二年至第六年的 4 個收益力指標均高於平均值。主要原因在於本書 11.3.2 中提到的第四年銷售額偏低，廣告費和軟資產開發的支出卻偏高，息稅前利潤大幅度減少。從 A 公司自身的變化來看，毛利、利潤率和總資產收益率除了在第四年有所下降，總體呈上升的趨勢。淨資產收益率則是先升後降再升，第六年又降，波動較大。但總體來看，A 公司的收益力在同行業中處於領先的地位，而且收益力在逐年增強。

2. 成長力分析

從表 11-10 得知，A 公司的收入成長率在第四年和第六年出現負增長，其餘年份均為正增長。其中，第四年的收入增長率為－13.91%，較上一年有較大下滑。主要原因在於當年的廣告投放決策失誤，A 公司放棄了本地市場，而在沒有任何競爭的亞洲市場 P4 產品中投放了 1M 的廣告費，只售出 1 個 P4，導致了當年的銷售收入有所下降。

A 公司的利潤成長率除了第四年出現負增長之外，其餘年份均為正增長。尤其在第三年和第五年實現高速增長，遠遠超過同期的平均值。這說明 A 公司總體的成長性好，發展能力和盈利能力強。

A 公司的淨資產成長率連續五年保持增長的態勢，除了第二年和第四年低於平均值，其餘年份均高於平均值。這說明 A 公司的資本累積能力強，企業的發展潛力大。

3. 安定力分析

A 公司的流動比率逐年提高，而且均高於平均值。A 公司第五年和第六年的速動比率略低於平均值，但其餘年份均高於平均值。總體來看，A 公司的短期償債能力較強。

由於 A 公司第一年就借入了一筆五年期的長期借款，而且從第四年開始，就採取滾動申請短期貸款的方式來籌措資金，所以它的資產負債率除了第三年與平均值持平，其餘年份均高於平均值。但這並不影響它的長期償債能力，因為從前面的分析已經看到，它的盈利能力較強，能為債務的償還提供較強的支持。

A 公司的固定資產長期適配率均小於 1，除了第四年和第五年高於平均值，其餘年份均低於平均值，說明購建固定資產使用的都是長期貸款和所有者權益這些長期資金。這樣的資源配置平衡協調，不會給 A 公司造成還款壓力。

4. 活動力分析

A 公司第四年的應收帳款週轉率、固定資產週轉率和總資產週轉率均低於平均值，主要原因在於第四年的廣告投放決策失誤，銷售收入較上一年有所下降。但是 A 公司其餘年份的應收帳款週轉率、存貨週轉率、固定資產週轉率和總資產週轉率均高於平均值，且總體呈增長的趨勢。這說明它的存貨銷售較順暢，回款較快；總資產的利用率高，管理能力強。而且較高的應收帳款週轉率和存貨週轉率，進一步增強了 A 公司的短期償債能力。

表 11-10　　　　　　　　第二年至第六年單項財務能力指標

財務指標	年份	第二年 A公司	第二年 平均值	第三年 A公司	第三年 平均值	第四年 A公司	第四年 平均值	第五年 A公司	第五年 平均值	第六年 A公司	第六年 平均值
收益力指標	毛利	52.22%	36.86%	58.26%	39.78%	57.58%	38.22%	57.64%	37.69%	59.11%	37.34%
	利潤率	-1.11%	-1.39%	24.35%	12.36%	22.22%	17.44%	37.99%	20.96%	42.22%	22.36%
	總資產收益率	-0.50%	-0.54%	14.74%	6.74%	10.14%	10.73%	26.44%	14.47%	26.99%	15.00%
	淨資產收益率	-3.13%	-3.99%	70%	28.17%	46.81%	38.98%	88.78%	40.73%	65.07%	32.26%
成長力指標	收入成長率	181.25%	121.54%	27.78%	47.05%	-13.91%	32.19%	131.31%	24.67%	-1.75%	4.13%
	利潤成長率	15%	20.60%	164.71%	111.21%	-36.36%	-70.66%	928.58%	88.26%	11.43%	18.81%
	淨資產成長率	-36.96%	-16.47%	37.93%	31.09%	17.50%	22.99%	108.51%	38.99%	55.32%	28.65%
安定力指標	流動比率	0.81	0.75	0.89	0.75	0.94	0.84	1.19	1.13	1.39	1.25
	速動比率	2.87	2.06	5.25	2.35	2.30	1.71	1.97	2.16	1.26	1.28
	資產負債率	0.84	0.74	0.79	0.79	0.78	0.74	0.70	0.64	0.58	0.54
	固定資產長期適配率	0.40	0.54	0.42	0.62	0.52	0.51	0.79	0.48	0.47	0.65
活動力指標	應收帳款週轉率	-0.02	-0.06	0.40	0.36	0.40	1.11	0.69	0.65	0.72	0.67
	存貨週轉率	4.78	1.69	4.17	1.65	1.83	1.53	3.18	1.85	3.29	2.57
	固定資產週轉率	1.13	0.81	1.50	1.06	1.21	1.49	2.71	2.51	3.04	2.21
	總資產週轉率	0.41	0.35	0.59	0.45	0.49	0.59	0.85	0.73	0.66	0.65

11.4.2　杜邦分析

杜邦分析法作為一種財務綜合分析，可以解釋指標變動的趨勢及原因，進而幫助經營管理者找到改善經營管理、提高淨資產收益率的措施和方法。

根據 A 公司第一年至第六年的杜邦分析圖（見圖 11-15 至圖 11-20）數據，

我們整理出 A 公司第一年至第六年的主要財務指標，如表 11-11 所示。

表 11-11　　　　　　　A 公司第一年至第六年的主要財務指標

年份＼財務指標	淨資產收益率	銷售淨利率	總資產週轉率	權益乘數
第一年	-0.43	-0.63	0.19	5.13
第二年	-0.59	-0.19	0.41	6.86
第三年	-0.28	-0.10	0.59	4.75
第四年	0.15	0.07	0.49	4.62
第五年	0.52	0.22	0.84	3.36
第六年	0.36	0.24	0.66	2.36

從表 11-11 可以看出，在六年的模擬經營中，A 公司的淨資產收益率和總資產週轉率兩個指標雖有所波動，但總體呈上升趨勢。淨資產收益率的提高，說明 A 公司的所有者投入資金的盈利能力在增強。其中，第五年的淨資產收益率最高，說明第五年所有者投入資金的盈利能力最強。原因在於當年的總資產週轉率最高，銷售淨利率也是歷年中較高的，在權益乘數放大的作用下，所有者獲得了歷年中最高的投資回報率。銷售淨利率的提高，表明 A 公司銷售收入的增加幅度高於成本費用的增加幅度，說明 A 公司市場競爭力和盈利能力在增強，發展潛力大。其中，第六年的銷售淨利率最高，說明第六年實現的收入多，成本費用控製得好。總資產週轉率的提高，表明 A 公司總資產的週轉速度加快，利用總資產獲取收入的效率在增加，對總資產的管理能力在增強。其中，第五年的總資產週轉率最高，說明第五年的資產管理效果最好，資金使用效率最高。第六年的總資產週轉率略有下降，說明當年的總資產週轉速度有所減緩。原因在於第六年平均資產的增長速度超過了收入的增長速度。從表 11-10 可以看出，第六年的收入與第五年相比下降了 1.75%。從圖 11-19 和圖 11-20 可以看出，第五年的平均資產為 273M，第六年的平均資產為 343.50M，較第五年增長了 25.82%。平均資產在增長的同時，收入卻在下降，從而導致總資產週轉率下降。另外，A 公司的權益乘數在六年中逐年下降，則表明 A 公司的負債規模逐漸縮小，財務風險逐漸降低。

A 公司第二年的銷售淨利率為 -0.19，說明當年仍處於經營虧損的狀態，但虧損程度已比第一年有所降低，而且第二年的總資產週轉率也比第一年有所提高。儘管這兩個指標開始轉好，淨資產收益率卻仍然比第一年低。原因在於第二年的權益乘數為 6.86，比第一年的權益乘數 5.13 有所增加。在企業發生虧損的情況下，舉債經營會導致財務槓桿發揮負面作用。債務比率越高，財務槓桿的負面作用就越大，表現為淨資產收益率超過銷售淨利率的下降幅度，給所有者帶來的虧損就越多。

通過上述分析可知，A 公司目前的盈利能力較強，資產的週轉速度從長期來看，在不斷提高，這是它的優勢。但是第六年的淨資產收益率比第五年略有下降，這是當年的總資產週轉率和權益乘數雙雙下降所導致。而總資產週轉率下降

的原因在於收入增長速度超過了總資產的擴張速度。所以，A 公司的經營管理者要提高未來的淨資產收益率，需從兩個方面入手：一方面，進一步開拓市場，打開產品銷路，擴大銷售收入，實現收入的快速增長；另一方面，在盈利能力較強的情況下，適度擴大舉債規模，充分發揮財務槓桿的積極作用。

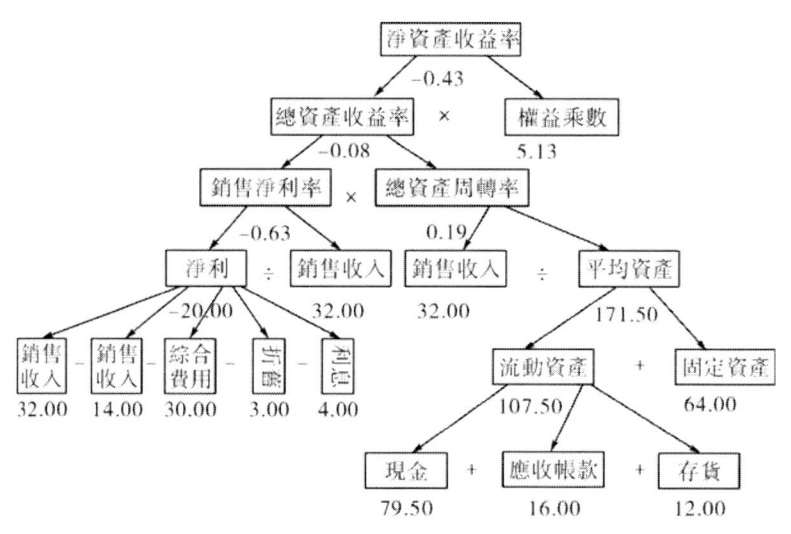

```
                        淨資產收益率
                          -0.43
                    ┌───────┴───────┐
              總資產收益率    ×    權益乘數
                 -0.08                5.13
           ┌───────┴───────┐
      銷售淨利率   ×   總資產周轉率
         -0.63                0.19
       ┌───┴───┐            ┌───┴───┐
      淨利  ÷  銷售收入   銷售收入 ÷ 平均資產
     -20.00    32.00       32.00     171.50
   ┌──┬─┴─┬──┬──┐                  ┌───┴───┐
  銷售 銷售 綜合 折 利              流動資產 + 固定資產
  收入-收入-費用-舊-息                107.50      64.00
  32.00 14.00 30.00 3.00 4.00    ┌────┼────┐
                                 現金 + 應收帳款 + 存貨
                                 79.50    16.00     12.00
```

圖 11-15　A 公司第一年杜邦分析（單位：M）

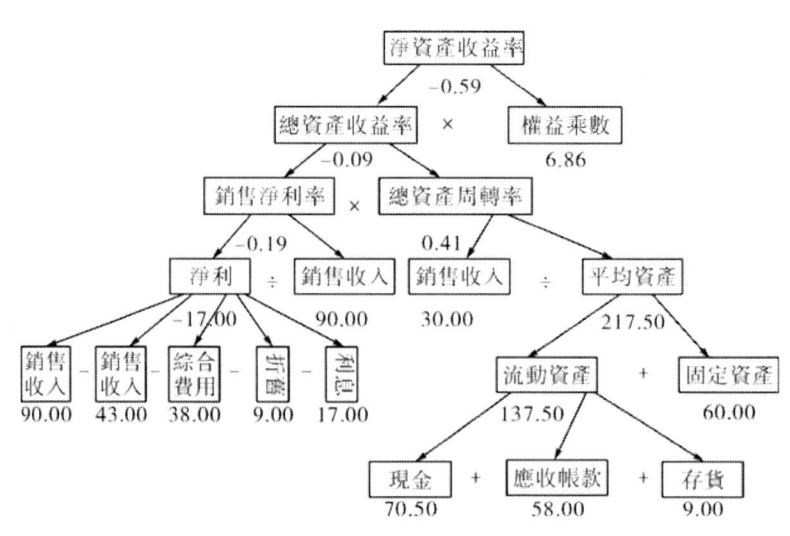

```
                        淨資產收益率
                          -0.59
                    ┌───────┴───────┐
              總資產收益率    ×    權益乘數
                 -0.09                6.86
           ┌───────┴───────┐
      銷售淨利率   ×   總資產周轉率
         -0.19                0.41
       ┌───┴───┐            ┌───┴───┐
      淨利  ÷  銷售收入   銷售收入 ÷ 平均資產
     -17.00    90.00       30.00     217.50
   ┌──┬─┴─┬──┬──┐                  ┌───┴───┐
  銷售 銷售 綜合 折 利              流動資產 + 固定資產
  收入-收入-費用-舊-息                137.50      60.00
  90.00 43.00 38.00 9.00 17.00   ┌────┼────┐
                                 現金 + 應收帳款 + 存貨
                                 70.50    58.00      9.00
```

圖 11-16　A 公司第二年杜邦分析（單位：M）

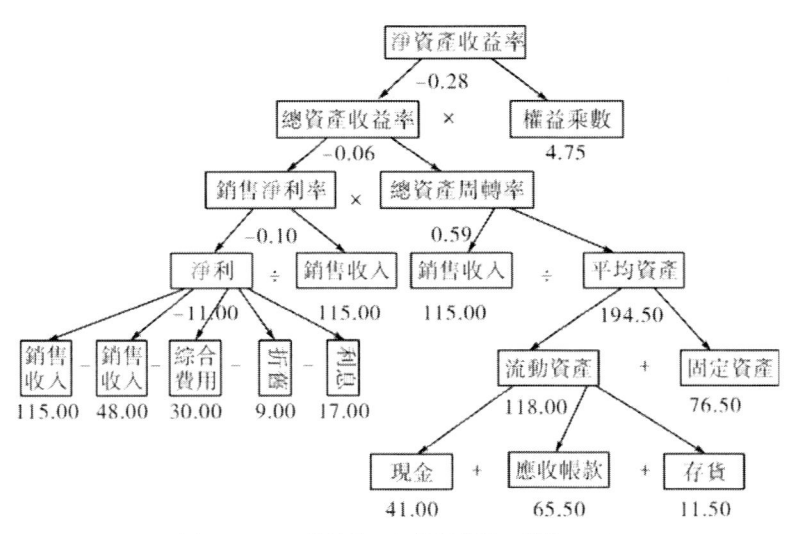

```
                    ┌──────────┐
                    │ 淨資產收益率 │
                    └──────────┘
                         -0.28
           ┌──────────┐      ┌────────┐
           │ 總資產收益率 │  ×   │ 權益乘數 │
           └──────────┘      └────────┘
               -0.06              4.75
        ┌────────┐    ┌──────────┐
        │ 銷售淨利率 │ × │ 總資產周轉率 │
        └────────┘    └──────────┘
           -0.10           0.59
      ┌────┐   ┌──────┐  ┌──────┐   ┌──────┐
      │ 淨利 │ ÷ │銷售收入│  │銷售收入│ ÷ │平均資產│
      └────┘   └──────┘  └──────┘   └──────┘
       -11.00    115.00    115.00     194.50
                                  ┌──────┐    ┌──────┐
                                  │流動資產│ +  │固定資產│
                                  └──────┘    └──────┘
                                   118.00      76.50
┌────┐ ┌────┐ ┌────┐ ┌──┐ ┌──┐
│銷售│ │銷售│ │綜合│ │折│ │稅│
│收入│-│收入│-│費用│-│舊│-│印│
└────┘ └────┘ └────┘ └──┘ └──┘
115.00 48.00 30.00  9.00 17.00
                          ┌────┐  ┌──────┐  ┌────┐
                          │ 現金 │+ │應收帳款│+ │ 存貨 │
                          └────┘  └──────┘  └────┘
                           41.00   65.50    11.50
```

圖 11-17　A 公司第三年杜邦分析（單位：M）

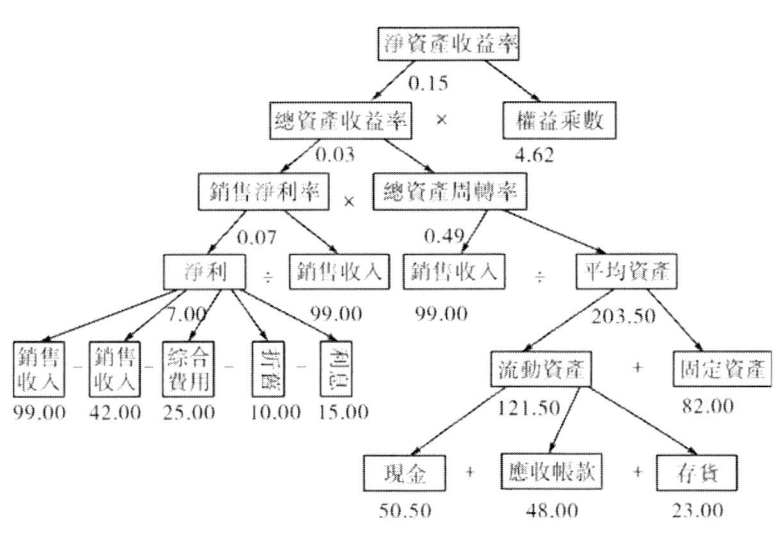

```
                    ┌──────────┐
                    │ 淨資產收益率 │
                    └──────────┘
                         0.15
           ┌──────────┐      ┌────────┐
           │ 總資產收益率 │  ×   │ 權益乘數 │
           └──────────┘      └────────┘
                0.03              4.62
        ┌────────┐    ┌──────────┐
        │ 銷售淨利率 │ × │ 總資產周轉率 │
        └────────┘    └──────────┘
            0.07           0.49
      ┌────┐   ┌──────┐  ┌──────┐   ┌──────┐
      │ 淨利 │ ÷ │銷售收入│  │銷售收入│ ÷ │平均資產│
      └────┘   └──────┘  └──────┘   └──────┘
        7.00    99.00     99.00      203.50
                                  ┌──────┐    ┌──────┐
                                  │流動資產│ +  │固定資產│
                                  └──────┘    └──────┘
                                   121.50      82.00
┌────┐ ┌────┐ ┌────┐ ┌──┐ ┌──┐
│銷售│ │銷售│ │綜合│ │折│ │稅│
│收入│-│收入│-│費用│-│舊│-│印│
└────┘ └────┘ └────┘ └──┘ └──┘
 99.00 42.00 25.00 10.00 15.00
                          ┌────┐  ┌──────┐  ┌────┐
                          │ 現金 │+ │應收帳款│+ │ 存貨 │
                          └────┘  └──────┘  └────┘
                           50.50    48.00    23.00
```

圖 11-18　A 公司第四年杜邦分析（單位：M）

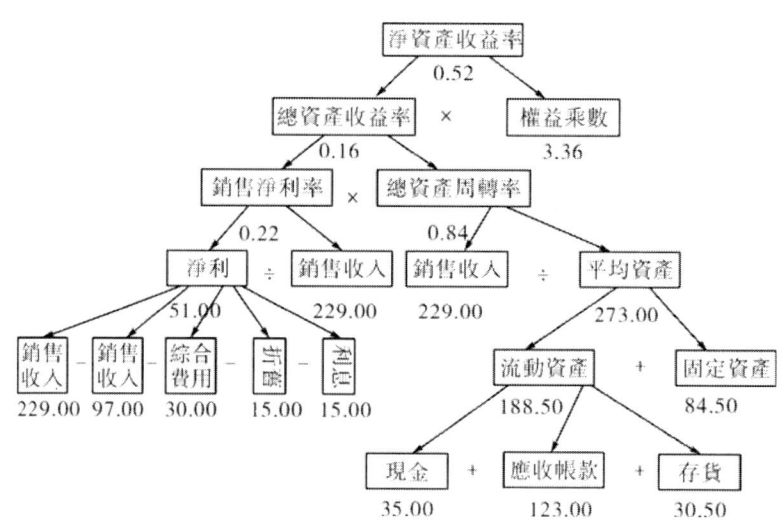

```
                        ┌─淨資產收益率─┐
                              0.52
              ┌─總資產收益率─┐  ×  ┌─權益乘數─┐
                    0.16                 3.36
        ┌─銷售淨利率─┐  ×  ┌─總資產周轉率─┐
              0.22                 0.84
        ┌─淨利─┐ ÷ ┌─銷售收入─┐   ┌─銷售收入─┐ ÷ ┌─平均資產─┐
          51.00        229.00          229.00          273.00
    ┌──┬──┬──┬──┐                         ┌─流動資產─┐ + ┌─固定資產─┐
  銷售  銷售  綜合  折  利                      188.50              84.50
  收入 -收入 -費用 -舊 -息
  229.00 97.00 30.00 15.00 15.00         ┌──現金──┐ + ┌─應收帳款─┐ + ┌─存貨─┐
                                             35.00           123.00         30.50
```

圖 11-19　A 公司第五年杜邦分析（單位：M）

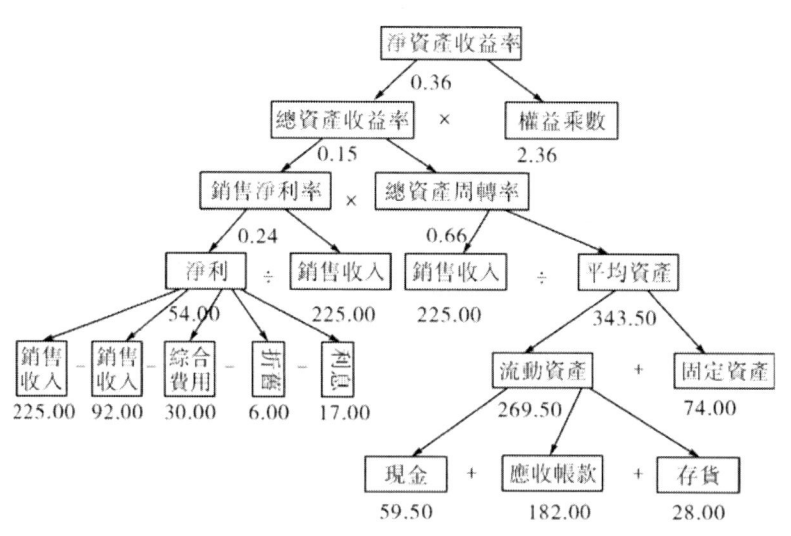

```
                        ┌─淨資產收益率─┐
                              0.36
              ┌─總資產收益率─┐  ×  ┌─權益乘數─┐
                    0.15                 2.36
        ┌─銷售淨利率─┐  ×  ┌─總資產周轉率─┐
              0.24                 0.66
        ┌─淨利─┐ ÷ ┌─銷售收入─┐   ┌─銷售收入─┐ ÷ ┌─平均資產─┐
          54.00        225.00          225.00          343.50
    ┌──┬──┬──┬──┐                         ┌─流動資產─┐ + ┌─固定資產─┐
  銷售  銷售  綜合  折  利                      269.50              74.00
  收入 -收入 -費用 -舊 -息
  225.00 92.00 30.00 6.00 17.00          ┌──現金──┐ + ┌─應收帳款─┐ + ┌─存貨─┐
                                             59.50           182.00         28.00
```

圖 11-20　A 公司第六年杜邦分析（單位：M）

12 沙盤模擬實驗常見問題解析

12.1 經營過程的常見問題解析

12.1.1 市場預測

市場預測是企業經營的前提，一個成功的企業戰略來源於對市場的正確分析。在 ERP 沙盤模擬中，市場預測是由一家權威的市場調研機構對未來六年各個市場需求的預測，是各企業能夠得到的關於產品市場需求的唯一可以參考的、有價值的信息。在市場預測中，柱形圖和折線圖分別提供了各市場中各產品在每一年的需求總量、價格情況，並且還用文字加以說明，包括客戶關於技術及產品的質量要求等內容。各模擬企業的營銷總監必須對該市場預測做充分的分析，推算出各個市場上產品的預計銷售價格、預計銷售數量、有無 ISO 等銷售條件限制等情況。根據準確的預測企業才能制定出正確的廣告投放策略，並初步預計出可能搶到的訂單數量及銷售額。

簡單地以第一年和第二年的市場預測為例：

第一年，只有本地市場和 P1 產品，所以投放廣告較多者可以選取更加有市場競爭力的訂單，但是並不意味著越多越好，因為在搶單的同時，企業還需要考慮接下來的原材料購買、產品生產等問題，這些都需要現金資源的供應。

第二年，最多只有本地和區域兩個市場，基於第一年的產品研發，本地市場的需求是 P1>P2>P3，但單價恰好相反，P4 沒有需求；區域市場的需求是 P2>P1>P3，P4 沒有需求，在價格上 P3 和 P2 相近，P1 略低。

因此結合企業的營運現狀以及市場價格和市場需求量這三者的合理計算才可能實現企業的最大利潤。

12.1.2 廣告投放

廣告單投放決策的核心在於有效地投放廣告費，實現競單效率最高、廣告的投入產出比最高。影響 ERP 沙盤模擬廣告投放策略的因素主要包括：企業的現金、生產能力、上年度末產品的庫存量、市場供求關係及競爭對手狀況等。一方面，應測算企業本年度可供銷售的產品數量，即企業本年度生產能力和上年度末產品庫存之和。企業本年度生產能力可以結合本企業的原料供應和生產線的產能

計算得到。另一方面，預測產品當年的市場供求關係。企業可結合市場預測表的情況瞭解當年的市場需求，通過對年初收集到的競爭對手信息的分析，將競爭對手的產品庫存和自己本年度生產能力加總，可獲知本年度市場的總供給量。將本年度的市場需求量與供給量進行比較，就可以判斷出本年度市場大致的供求關係狀況。根據上述兩個方面就可以確定廣告投放細分市場的數目和廣告投放金額。

為了保證有足夠的資金投放下一年的廣告費，在每一年年末，企業應特別注意年末的現金。如果現金緊張，則要立即貼現（或貸款），留足下年的廣告費，再編制報表。

企業投放廣告的多少只能表明選單的可能性，並不代表實際可以選到這麼多訂單。此處還應注意，同一市場同一產品有時會涉及多次選單。第一次選單機會至少投放 1M，隨後的每次機會則是每 2M 才能增加一次選單機會；另外有些訂單要求有 ISO 資格認證。要獲得這樣的訂單，必須已完成 ISO 資格認證的投資，獲得 ISO 資格認證證書，並且在當年相應市場單獨為其投放 1M 的廣告費。

12.1.3 訂單選擇

模擬企業是「以銷定產、以產定購」的經營模式，客戶訂單是企業生產的依據，因此客戶訂單的獲得是企業經營成功與否的關鍵。訂單選擇時，首先應以企業的產能、設備投資計劃等為依據，避免盲目接單。訂貨量超過自身的生產能力，無法及時交貨，會給企業帶來損失，導致信譽下降。也要避免接單不足，設備閒置，產品積壓。其次，如果企業急需現金，則優先考慮帳期短的訂單，單價因素次之；反之，單價高者優。此處涉及有 ISO 資格認證限制的單子，一般在第三年開始，由此投放好廣告有可能拉開和競爭者的差距。

12.1.4 市場地位的確立

市場領導者（市場老大）地位的取得意味著企業在市場上的優勢，是一項重要的無形資產。市場地位是針對每個市場而言的。企業的市場地位根據上一年度各企業的銷售額排名，在某個市場銷售總額（包括 P1、P2、P3 和 P4 產品）最高的企業稱為該市場的「市場老大」。「市場老大」是按市場分，而不是按產品分。顯然，第一年沒有「市場老大」，剛出現的市場也沒有「市場老大」。「市場老大」要想獲得選單機會，至少要投入 1M 的廣告費；想要獲得 n 次的選單機會則應該在此基礎上加 2nM 的廣告費（當然，前提是市場上有這麼多單可選）。

12.1.5 原材料採購

原材料採購需提前下達採購訂單。每下一個訂單用一個空桶表示，並且要隨著經營進度的推進及時更新訂單。只要下了訂單，就必須出資採購。下單過少會影響當年產能，下單過多則會影響企業的現金流。所以，採購總監一定要依據生產總監編制的生產計劃表，提前預算出每季度原材料的需求種類、數量，以便確定每個季度採購訂單下達的種類和數量，保證原材料採購可以準確跟進企業的營運。

12.1.6　生產線投資

實驗過程中的生產線投資需要企業根據自身的企業發展現狀，綜合購買安裝的費用和週期、生產週期、轉產費用和轉產週期等硬性條件來完成。一般來講，生產力強的生產線種類意味著更高的購買費用，但為了企業的整體效率，購買高效率的生產線是更好的選擇。此外，為了較好地規避生產線轉產和生產線閒置，就需要生產部門的精確預算——讓企業的產品研發和新產品線安裝同時完成，並只為該品種的產品生產服務，以提高生產線的投入產出比。

12.1.7　市場開發和產品研發

在沙盤模擬實驗中，首先需要掌握市場開發的基本原則——不同市場的開發費用和開發時間、多個市場的開發可以同時進行、資金短缺時可隨時中斷或終止投入、不允許加速投資等；其次，市場和產品是有機組合的一個設定，原則上講，企業可以在開始運行的第一年第一季度開始研發 P2、P3、P4，而最早研發成功也要等到第二年，但對於企業來講，同時研發多種產品不現實，因為多研發意味著綜合費用的提高，隨之企業利潤受到影響，最終降低所有者權益甚至使之變負，極大可能導致企業破產。因此，合理規劃選擇產品組合在企業經營中是一項重要決策。

12.1.8　營運表記錄

執行企業營運流程時，必須按照自上而下、自左而右的順序嚴格執行。企業營運表的記錄講究的是「慢工出細活」。一步一步地落實和詳細記錄將更好地協助後續報表的填寫，可謂是事半功倍。計提折舊時，只涉及生產線淨值和折舊費用兩個項目，與現金流無關，因此在企業營運流程中標註了「（　）」以示區別，現金收/支合計時不應考慮該項目。第一季度的季初現金餘額為上年度的第四季度的期末現金餘額扣除已支付的廣告費和上繳的稅費後的數額。以後各季的季初現金盤點數額為上一季度末的現金餘額。

期末現金餘額＝季初現金盤點+現金收入合計–現金支出合計

12.1.9　違約問題及其處理

違約問題表現為不能按時交貨。發生該情況一般有兩個原因：一是標註加急的訂單需當年第一季度交貨，但選單時未能準確計算上年年末以及本年第一季度的產能之和，導致當年第一季度交不了貨；二是當年全年的產能計算失誤，導致多選了訂單。總的來講，就是在產能計算時千萬要慎之又慎。

出現違約問題之後，需要繳納銷售額 20% 的違約金，並收回訂單，當年的市場地位下降一級。如果「市場老大」違約，則該市場當年沒有「市場老大」。

12.1.10　組間交易

如果企業的原材料或產品不足，可以向其他企業購買；如果企業有庫存積壓

的原材料或產品，也可以向其他企業出售。這就是組間交易。在進行組間交易時，交易價格由買賣雙方自由商談確定，採取「一手交錢，一手交貨」的現銷方式。為了明確起見，企業之間發生組間交易時，買賣雙方需填寫產品（原材料）交易訂單並到裁判處進行登記。

12.2 報表編制的常見問題解析

12.2.1 產品訂單登記表

在實驗過程中，很多企業都可能會出現這一環節的漏記。該表的登記應該在訂單選擇的同時完成。在選擇訂單時，記下每一張訂單的產品種類、產品數量、產品單價及總價、產品週期以及一些其他的附加條件（例如「加急」），可以幫助銷售總監確定交貨順序，更好地規避風險，以免出現訂單違約等一系列情況帶來的不必要的損失。此外，企業內部對產品銷售過程有完整的把控，將有利於年度末其他報表的編制以及查帳，可以更快地提高企業營運的效率。

12.2.2 綜合管理費用表

該表在填制過程中的常見錯誤一般表現在保養費、產品研發費用和其他費用的計算上。保養費應該遵循的原則是當年變賣和在建的生產線不計提保養費。研發費用應當是當年四個季度的所有產品的研發費用，而不是截止到當年第四季度每個產品所有的研發費用。其他費用主要核算生產線變賣時，沒有提完的折舊，代表變賣生產線的一種損失。

12.2.3 利潤表

該表在填制過程中的常見錯誤一般表現在組間交易所取得的收入和成本的確認、違約處理、財務收入/支出的計算上。原材料的組間交易的賣方，應將取得的款項計入當期的其他收入，原材料的成本計入當期的其他支出。產品組間交易的賣方，應將取得的款項計入當期的銷售收入，產品的生產成本計入當期的直接成本。訂單違約時支付的違約金，應計入其他支出。

財務收入/支出中，經常會因為在實際走盤中忘記更新長、短期貸款而忘記還貸，最終影響計息，導致財務收入/支出出錯，或者在計息中只計長貸而忘記短貸，也會導致最終資產負債表中資產不等於負債加所有者權益。

所有的利息，包括應收帳款的貼現費用，採用收付實現制進行核算，在支付時計入當年的財務支出。

在當年有利潤的情況下，計算當年所得稅時，應先將以前年度的虧損彌補了之後，如果還有利潤，再按規定的稅率計算出當年應繳納的所得稅。如果彌補了前期虧損之後，沒有利潤，則不需要繳納所得稅。

12.2.4 資產負債表

該表在填制過程中的常見錯誤一般表現在各項資產核算、負債、年度淨利和

利潤留存的計算上。

　　資產核算方面，首先應滿足的前提是經營過程的合理合規，不應出現走盤順序的顛倒和「只記錄不行動」的現象。其次，各個資產項目的數據應仔細核實。原材料組間交易的購買方，應將購入的原料計入原料。產品組間交易的購買方，應將購入的產品計入成品。

　　編制資產負債表時，如果長期借款即將在下一年到期，則應將這筆長期借款放在一年內到期的長期負債中核算。應交稅費是當年利潤表中的所得稅一項對應的金額。年度淨利來源於當年利潤表中淨利潤一項的數據。利潤留存是期初年度淨利與期初利潤留存的合計數。

國家圖書館出版品預行編目(CIP)資料

企業經營與ERP沙盤模擬實訓教程 / 任志霞 主編. -- 第一版.
-- 臺北市：崧燁文化，2018.08

 面　；　公分

ISBN 978-957-681-453-2(平裝)

1.管理資訊系統

494.8　　　　107012669

書　名：企業經營與ERP沙盤模擬實訓教程
作　者：任志霞 主編
發行人：黃振庭
出版者：崧燁文化事業有限公司
發行者：崧燁文化事業有限公司
E-mail：sonbookservice@gmail.com
粉絲頁　　　　　網　址：
地　址：台北市中正區重慶南路一段六十一號八樓 815 室
8F.-815, No.61, Sec. 1, Chongqing S. Rd., Zhongzheng Dist., Taipei City 100, Taiwan (R.O.C.)
電　話：(02)2370-3310　傳　真：(02) 2370-3210
總經銷：紅螞蟻圖書有限公司
地　址：台北市內湖區舊宗路二段 121 巷 19 號
電　話：02-2795-3656　傳真：02-2795-4100　網址：
印　刷：京崟彩色印刷有限公司（京峰數位）

　　本書版權為西南財經大學出版社所有授權崧博出版事業股份有限公司獨家發行電子書繁體字版。若有其他相關權利及授權需求請與本公司聯繫。

定價：300 元

發行日期：2018 年 8 月第一版

◎ 本書以POD印製發行